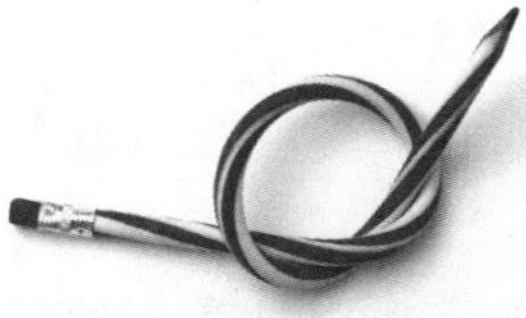

别用嘴上的佛系，掩饰你内心的焦虑

朱清 著

江苏凤凰文艺出版社
JIANGSU PHOENIX LITERATURE AND ART PUBLISHING, LTD

图书在版编目（CIP）数据

别用嘴上的佛系，掩饰你内心的焦虑 / 朱清著. -- 南京：江苏凤凰文艺出版社，2018.7
ISBN 978-7-5594-2379-5

Ⅰ. ①别… Ⅱ. ①朱… Ⅲ. ①人生哲学 - 通俗读物 Ⅳ. ①B821-49

中国版本图书馆CIP数据核字（2018）第127964号

书　　名	别用嘴上的佛系，掩饰你内心的焦虑
著　　者	朱　清
责任编辑	孙金荣
选题策划	蓝色城
特约编辑	维小安
责任校对	孔智敏
封面设计	末末美书
出版发行	江苏凤凰文艺出版社
出版社地址	南京市中央路165号，邮编：210009
出版社网址	http://www.jswenyi.com
印　　刷	三河市金元印装有限公司
开　　本	880毫米×1230毫米 1/32
印　　张	9
字　　数	150千字
版　　次	2018年7月第1版 2018年7月第1次印刷
标准书号	ISBN 978-7-5594-2379-5
定　　价	39.80元

//

想得太多，做得太少，内心戏多了，就会活得很累。

“少给自己加戏”，其实是一种能力。

//

生活没有准则，选择并无对错，价值观是不断推翻重建的。
决定生活轨迹的，从来不是选择本身，而是选择之后的姿态。

你不必一头扎入拥堵的操场，被鸣枪逼迫向前跑；
不必刚毕业就急着赶往最紧俏的行业；
更不必 20 岁出头就被催相亲择一人终老。
只有你自己，处在真实的生活和社交圈里，
才能明白到底值或不值，要还是不要。

//

多尝试、多体验、多试错，才是解锁“成熟期”的唯一钥匙。

就算独自旅行很辛苦，生病没人陪很心酸，

遇上“渣男”很倒霉，也是不可多得的体验。

生活，总要亲口尝一尝才知道什么叫“丰沛”啊！

当你的才华撑不起收入时，请别“三天打鱼，两天晒网”；
当你被迫待在“不喜欢”的处境时，要快刀斩乱麻，及时止损；
当你看不清茫茫前路时，不如且歌且行，活在当下。

//

太多人，既不看手里的牌，也不挑脚下的路。

凭着一腔“明天会更好”的假鸡血，

睁只眼闭只眼，反而虚耗了眼前的日子。

//

目　录

Contents

Part 3

无欲无求？也许根本不知道自己想要什么

Part4

没有无用的社交，只有活错的圈子

Part 5

仅有一次的人生，就要酣畅淋漓地活

Par6

自我提升：那些书影教会我的事

Part 1

人生没有标准答案

你不必一头扎入拥堵的操场，被鸣枪逼迫向前跑；不必刚毕业就急着赶往最紧俏的行业；更不必20岁出头就被催去相亲择一人终老。

只有你自己，处在真实的生活和社交圈里，才能明白到底值或不值，要还是不要。人生，可以有参考答案，但并没有标准答案，你决定的就是最好的，你才是自己的过来人。

20 岁之后，你就是自己的过来人

-1-

天天是我的高中学姐。

认识七八年，她一直在折腾，流浪、开店，在摩洛哥中过暑，在大堡礁晕过船，在巴西贫民区拍过纪录片……

朋友圈里，她不笑时很高冷，疯癫起来就破功。隔三岔五一副好累好累我不行了的样子，过一阵又不知哪儿来的元气，不眠不休。

这几年，身边的那堆小姐妹们，纷纷恋爱结婚生娃当妈。她却好像不会老，背包就是全部家当。

打电话唠嗑，那头的她嘻嘻哈哈，说在老城区的巷弄里打理出一家店，和周围煎饼摊子、老五金店、熟食铺子什么的打成一片，每天吃喝都不愁。

她说："这就像是加减题，我没法样样兼顾，不如做减法，留下最重要的部分。其他的绝不凑合。"

那会儿我是她的迷妹，并不解其中深意，只是眼冒星星地以为，她不把自己往流水线模子上套，不打鸡血也不灌鸡汤的样子，真的很美啊。

直到后来，我和身边人因为现实分隔两地，车站里眼泪洒了一地；去往陌生国度没钱又水土不服，恨不得一口莲子汤下肚时，忽地想起来她说过的那些话。

也是慢慢地清楚，选择这东西，没有对错，只有不同。

孜孜以求之物，有人俯身便拾，有人力争可得，有人无解亦无缘。既然笑和哭都由己造，拥有时珍惜，胜过追逐不得之苦。

就算失去，也是际会。

-2-

之所以提到这些，是因为最近遇到了不少这样的询问：

“你能告诉我，以后我适合做什么吗？考研还是去工作？”

“男朋友很爱我，但他家里条件不好，我们要在一起吗？”

“听说写爆款文很赚钱，以我现在的水平，你看能月入多少？”

……

公众号后台，时常会收到小伙伴的私信，问我该怎样从一段虐恋中走出来、如何做一次心仪的选择等。我很少立即回复，而是会隔一阵子，再询问。

之所以这样做，一是觉得人越是迷茫的时刻，越容易听信外人的指点，我没法贸然为人下判断；二是彼此生活圈不重合，虽能感同，却无法身受，如果不顾实际地说这说那，其实是种不负责。

有时，我也会追问：“你自己想到或做到哪一步了呢？”

往往在这时候，对方会陷入长久的沉默，或是匆忙转移话题，反问我："如果出错了怎么办？"

但说实在的，这种迫切却盲从的心理，容易被人利用。

就如朋友圈里时不时刷屏的：《那些月薪 50 万的姑娘过着什么生活》《我买了房，但我仍一无所有》《他爱不爱你，就看这三点》……某些所谓的"人生建议"，不过是逻辑学和心理学的字面游戏。无外乎把过来人那点儿微弱的见识奉为圭臬。

若是看多了，听信了，难免被无底线的忽悠和无意义的煽情牵着鼻子走。到最后会发现，所有的是非对错，不过是一场接一场的"幸存者偏差"。

虚伪就像糯米纸，裹在足够甜腻的糖果上，掩藏着酸到硌牙的怯懦——你只想不做，光顾着陷于纠结情绪，从未深思过其解决方法。

如此一来，心事弯弯绕，没把别人绕进去，先把自己绕晕了。

-3-

"我们并不是过了 18 岁就能算真正意义上的成人了。"

很多次，我尝试着回过头检视自己，发现所谓“折腾”的日子，都是在后知后觉中蝉蜕的。

从前背包自助旅游，确定某一国或某几国为目标，恨不得把所有抵达方式、门票价格、吃喝玩逛之类的攻略收藏下来，唯恐行程不如所愿，留下缺憾。

可渐渐地，当我独自经历长途漫旅，目的地却变得不再重要了。

世界那么大，拜访了某一些去处，必然会错失另外一些。既然疏漏在所难免，不如尽量享受眼前美好。

我甚至以为，每个人的生命里，都需要这样的“事与愿违”。

那些心焦，那些痴念，也许是北上广打工的青年下了班，街巷口的一碗瘦肉粥；也许是蜗居的旧宿舍里，墙上那张明星海报；也许是荒山深林迷路处，和老和尚的半夜闲聊……

就像在玩沙盘游戏，你有参考答案，却没有标准答案。什么样的选择，决定了有什么样的体验。

事实上，你不必一头扎入拥堵的操场，被鸣枪逼迫向前跑；不必刚毕业就急着赶往最紧俏的行业；更不必20岁出头就被催去相亲择一人终老。

只有你自己处在真实的生活和社交圈里，才能明白到底值或不值，要还是不要。

20 岁之后，你就是自己的过来人。

多尝试、多体验、多试错，才是“解锁成熟期”的唯一密钥。就算独自旅行很辛苦，生病没人陪很心酸，遇上渣男很倒霉，那也是不可多得的机缘。

生活，要亲口尝一尝才知道什么叫“丰沛”。

内心戏太多，难怪你活得这么累

-1-

朋友 H 昨晚发来消息：“我和他过不下去了。”

事实上，她在这段恋情里已经挣扎了三年，剧情堪比八点档伦理大剧，所有戏码都已轮番上演。不分开的理由只一条，“我俩都见过家长了，如果分手，别人怎么看我？”

我叹口气，今天她这波诉苦，无非是新一轮的吐槽、委屈和发誓。很快，她和她的男友又会拾起一地鸡毛，和好如初。

“换作是你摊上他，会怎么选？要是朋友知道我俩分开，肯定会笑话我……”

每一种假设背后，都写满了脆弱与无力。一波三折的虐恋，分分合合的怨曲，更像是自编自导自演的苦情戏。

以前的我，也爱钻牛角尖。

喜欢一个人，心事全靠对方猜。少做点怕他不知，多做点又怕打扰到他。脑袋里360度托马斯回旋着关心，嘴里却憋不出半句好话。

等到相识久了，吵架多了，每次都是我哭成傻子，他一脸呆懵，只好怯怯道：“你说吧，我到底该怎么做？”

现在想想，还挺遗憾的。年少时不知，“暗自揣测”是感情中最鸡肋的东西。内心戏再精彩，又与他人何干？

与其让焦虑搅乱你的情绪，偷走你的快乐，还不如真实告诉对方，那些恐惧和不安。

在乎一个人，当如他所是，而非你所想。

-2-

情场外，职场内，“少给自己加戏”，其实是一种能力。

记得刚实习时，我向学长取经。他自嘲说，初来乍到那会儿，自己是个“纠结狂”，能力弱却想得又太多。

平时上班，大脑时刻都在内耗，凡见到的、听到的都要做一番联想；晚上临睡前，忍不住想想今天遇到的糟心事，然后开始做辞职打算；碰见不投缘的同事，总感觉那人一举一动都在针对自己……

“对别人的百般注解和识读，构不成万分之一的别人，却是一览无余的你”——再后来，他实在憋得慌，干脆把这话贴在桌前，反复给自己洗脑。

唔，这么一想，似乎从小到大，我在为人处世时的内心戏也不少。

偶尔话不投机，气氛微妙，难免思忖一番：“她是不是讨厌我？是不是故意的？”甚至搬来我妈，请她代为分析，此人能否做朋友？

但说真的，脑中小剧场噼里啪啦演得火热，十有八九都是臆想。很多陈芝麻烂谷子的事儿，会被记忆粉饰，会被错觉复写。

本来谈不上排挤，你偏偏以泪洗面；本来算不得冷落，你非得退避三舍。当你心觉对方面目可憎，他亦做出负面反馈，以牙还牙。结果恶意嗞嗞蔓生，两人再难修复。

印象里，每次跟我妈吐槽，谁谁看我不爽，谁谁心机很重，我妈都会说：“行啊，如果别人真要害你，你能躲则躲；如果避无可避，就接招呗！”

明明可以彼此欣赏，若不行，就专心做好自己。

-3-

还有些家伙，每天想七想八，不为别人，只为自己。

前几天，看了一个小短片，名为“星期六”，剧情很写实。

在周末早晨，男主一边啃着香蕉，一边盘算着今日打卡清单。他心想，等会要洗衣服、信用卡还款、冲洗浴室、丢垃圾、打电话给老妈、晚上顺便出门找乐子……

内心戏太多，男主苦恼不休。这厢，他脑中排列组合无数次，试图找出最佳方式；那厢，垃圾仍在桶里，琐事越积越多。

就这样，日暮黄昏，月落树梢，一天咻地过去了。

当真是这样。有时候，心累、身倦、人疲惫，最大的问题在于信息过载——换言之，想得太多了。

“我不知道我大学的前景在哪里，我活得好迷茫，怎么办？”

“我很想出国深造，可女孩子稳定点也挺好，不然算了？”

“他们都在埋头读书拼命考研，就我还在原地踏步，好烦。”

比起情感上的起起伏伏，更糟糕的是你的懒和怕、混和等——它们会削弱你的锐力，磨损你的心气，浇灭你的斗志。

你被滞留在过去，停泊在未来，却没法专心活在眼前一刻。

-4-

学不透想学的技能，找不到想要的工作，追不到想追的女神……没多久，你把“穷人思维”“阶级固化”“读书无用论”奉为灵药，视作标签。

但，仅仅声讨环境是无益的。你心里满是不敢要、不愿赌、不还击，“宿命论”就成了你信奉的人生哲学。

反观身边的大神们，似乎更容易进入“解决问题”的模式，而非纠结于当下令他烦忧的人或事。小戏精们还在睚眦尽裂之时，大神们早跳过对峙阶段，心想着怎么收拾烂摊子了。

其实，20 多岁的年纪，不需要你横眉冷对奖学金，不需要你断绝爱欲没脾气，更不需要你凡事洞明无所扰——只要少一点瞎算计，多一点钝感力，你的日子会好过很多。

抱怨自己眼圈黑，肤色差，那就早睡早起多锻炼，而非今天熬夜明天外卖，半夜两点刷微博。嫌弃公司没前景，升职遥无期，那就充足准备，择机跳槽，而非变着花样逃避，开口闭口“不公平”。

在选择面前，内心戏别太重。你应该比谁都清楚“有舍才有得”的理。

山要爬，庙要拜，生活要直面。别问选左还是选右，选 A 还是选 B，也别期望精神上的狗皮膏药。你要选心，那颗扑通跳着的，你自己的心。

你不是社交恐惧，你只是爱逃避

-1-

作为一个典型的“两面派”，熟人面前，我是嬉皮笑脸会侃大山的主儿；遇上生人，社交技能瞬间为负，话痨秒变冰山脸。

不想跟人说话的时候，就埋头玩手机假装很忙；路上遇到相识但不熟的，揉揉眼睛全当没看见；去一些不感兴趣的场合，干脆板着脸听歌发呆……

社交焦虑，在每个闪避的眼神中。表情包就像是醋和辣椒，一次次调剂着我那些干瘪寡淡乏味儿的尬聊。

“先混好自己，再混圈子”“你那不叫人脉，叫好友数量”“低质量的社交，不如高质量的独处”……很长一段时间，我都在拿此类鸡汤安慰自己，却并未因此轻松许多，反而错失了不少良机。

和陌生人在一起沉默是金，和心上人在一起半晌无语，和领导上级在一起惴惴不安……只消把所有错失的良机归结于“社交恐惧”，然后自暴自弃，谁叫我内向呢！我又有什么办法呢?

逃避，大概是这个世界效力最快的毒药。

-2-

算起来，入行自媒体，快一年多了。在这个圈里，光写没用，也需资源和人脉。慢慢地，我从写作者变为运营者，被迫和陌生人攀交情、谈合作、打交道。

偶尔参加那些大V小咖的线下沙龙，别人一见面就称呼你“亲爱的”，热情的仿佛上辈子走散的闺密，我却只能低头讪笑，尴尬附和。

有一次，和朋友去听分享会。某位欣赏许久的前辈也去了，看到小伙伴们三五成群闲聊着，我挺想融进去，和他们觥筹交错。可直到片尾曲毕，人走人散，我都没能开口，道一声“你好”。

出门后，我打电话给老妈，抱怨道：“唉，我真是社交无能，这么好的机会就白白错过。”

知女莫如母，我妈瞬间音高八度：“哼，你哪内向了？哪有病了？平时你不挺聒噪的嘛。你就是拉不下脸去问！”

我怔了怔，哑了声。想想还真是。我遇上他们，就像妖怪撞见照妖镜——那些浑身不自在，又何尝不是因为害怕自己出丑、尴尬、被忽略。

记得初中时候，刘海剪短了一厘米，我自觉丑得吓人，返校途中全程捂着脸、扶着额。我妈却打赌，压根没差别。

多少次因担心别人说我不大方，所以抢着示好；担心别人说我无趣，拼命找话题；担心别人怨我负能量，一直不敢吐苦水……

“是不是我又做错了？”“怎么才能让别人喜欢？”“她的眼神是不是说明不太满意？”

所谓“社交恐惧”，逃避的是我寡淡无光的焦虑，是害怕被拒的羞耻，更是担心不被接纳、不被认可的自卑感。

-3-

说实在的，我再矫情，充其量也只是敏感害羞、不善人际。真正的“社交恐惧症”，要比我的问题严重得多。

学长老余就深受其害。刚认识他那年，我大一，他大三。听人说，平日里他性情乖僻，上课时需要多占两个座位，一个用来放书包，另一个隔开邻座同学。

最严重的时候，他成天戴着口罩，走路都别扭。偶尔打个招呼，像得了“后天口吃症”似的，手冒冷汗，面红耳赤，支支吾吾不出声。

碰上老乡群聚会，老余就是那种“失踪人口”，请假理由花样迭出：今天给家里小猫看病，明天乔迁搬家忙，后天干脆屏蔽消息。

今年暑假，因为实习之事，我和余哥联系渐多。聊了几次，我才知，年前他辞了职，转了行，现在在做程序员，每天沉浸在代码世界。

“高考志愿，稀里糊涂填了市场营销，毕业后我又逼自己做销售。你看多少年了，我还是不喜欢，不习惯。”

“反正我不擅长社交，不如多做事，挑个能力大于圈子的工作呗！现在状态好多了，混得还算不错。”

听老余说，现在的他，依然不苟言笑，好在工作顺他心意，和同事相处也融洽。偶尔打个球，约个伴，倒也不怯了。

“那以后请你吃饭，你来不？”见他开朗不少，我打趣道。他顿了顿：“不去。”接着，又丢来一句：“当然是我请你。”

-4-

“在家像个疯子，出门像个哑巴。”

“很害怕麻烦朋友，包括催他还钱。”

“讨厌欠人情，遇到突如其来的温暖特别惶恐，总想加倍还回去。”

“喜欢靠窗的位置，喜欢单人小火锅，喜欢不会上前推销的小店。”

……

有时候，公众号就像小树洞，偶尔听见彼此心事。这些碎语，像极了《一人分饰两角》的开篇歌词：若没要事，我便不见人。

但说真的，社交无所谓有没有用，沟通本身就是一种能力。

在学校里，如果不和师长朋友打交道，光躲在宿舍活得像只鸵鸟，如何应对毕业后的复杂人际？身处职场，如果从来不和领导同事交流，光靠自己低头蛮干，拼死拼活，又怎能换来升职加薪？

任何情绪都是纸老虎，固然有暴戾一面，但残酷吃不了人，吞噬我们的始终是内心的忧和惧。

你可以说，比起社交，你习惯独处。就像老余一样，朋友无须太多，性情相投才好。没关系，这是性格使然，不必强行扭正。

你唯一要面临的难题是：明确自己喜欢什么。专注自己的擅长点，慢慢吸引那些你喜欢的和喜欢你的人。只有走出镜像门，你才不必逃窜，不必惊惶，才能挣开那道厚厚的心防。

-5-

放轻松。生活这场大戏，从来没有领衔主演。做个不被过分期待、不必害怕出错、不用时刻完美的配角，也挺好。

试试吧！撕掉“社交恐惧”的标签，开心就笑，沮丧就哭，生气就有礼貌地怼——

但愿你从别人处得到的快乐，和你给自己的一样多。

你所谓的“控制欲”，其实是自私

-1-

“我的女朋友是个控制狂。”和读者聊天，他上来就说这么一句。

听说，他们二人最初还算投缘，女友黏人，你侬我侬。可时间一长，他有点慌。这姑娘太强势，彼此相处，就像主人和狗：

从睁眼到闭眼，24 小时电话轰炸，微信必须发定位，从吃饭、逃课、喝咖啡到轧马路，整天都要听她使唤；碰上她心情不好，被拳脚相加一顿揍，由他扮演出气筒……

每当她带着命令的语气提出要求，他皆以欠债般的歉意，去喂饱她不停许出愿望的嘴。到头来，相爱成相厌。女友的声音左耳进右耳出，所有的旋律都变成了《金刚经》。

“唉，还真是难为你了。”听完这些，我只好耸耸肩，讪讪笑道。

话说回来，每个陷入爱情的女孩，大概都有点“作”。就像安徒生笔下的豌豆公主，她们隔着20层垫子和20床鹅毛被，都能感知一颗豌豆粒的硌硬。

不但身子是豆腐做的，心也是。

只不过，24小时循环洗脑，每天耳提面命，不听话就甩脸子冷暴力。经年累月，谁乐意在这样的环境下存活，甘当一只提线木偶？

爱情之外，相处之内。越想要控制，越容易失去。

–2–

想起大学那会儿，我的口头禅是：“不不不，你说错了。”

哪怕脸上再微笑，性子再温和，仍被贴上“高冷”“难相处”

的标签。回想每次与人互动的场景，悲剧总是相似的：初次见面，建立基本关系——接触一段时间，矛盾开始萌生——对峙开始，关系走向僵局——最终她冷淡，我拜拜。

哪怕到了20岁，我还没有学会与异性相处，没有谈过一次靠谱恋爱。平日里喜欢把三观强加到朋友身上，听不进太多批评声音；习惯一切按计划进行，要是发生意外，心态就崩塌；一旦有了争执，全然陷入被动境地，光等别人道歉……

“我这个人，外表看上去很强势，内心却住着个胆怯的小孩。”也许，在“控制狂”眼里，相处就像坐跷跷板，一头是自恋，一头是自卑。

因为自卑，所以患得患失，紧攥着掌心之物，生怕稍有不慎就会生变；因为自恋，所以宛如巨婴，自以为是宇宙中心，看不清人际边界在何处。

晃着，荡着，怨着，念着……到头来，所有外部冲突，不过是我和“我”的对峙、冷战和分裂。所谓强势，更是掩藏着内心的恐慌和对自身的不确信。

-3-

电影《心魔》，正是一场有关“控制欲”的噩梦。

由于丈夫和小姨私奔，女主角把所有心思转移到儿子身上。在这位单身妈妈眼中，孩子的人生就是她的人生，两者早已合一。

过于关注导致了溺爱。23 岁的儿子成天游手好闲，最终沦为了杀人犯。哪怕入狱，他还满脑想着：“这是妈妈的错，这怪不得我。”

直到那一刻，女主才知晓，多年来畸形的爱，成了真正噬心的魔。

“亲爱的，你必须听我安排，别让我伤心。”

“明明是为你好，你怎么不理解我的苦心？”

“如果你做不到的话，那我们还是分开吧。”

……

生活中，不乏这样的人：受害者的面孔，施压者的心态。

他们深切期待着别人的改变——期待父母退让，期待恋人妥协，期待朋友包容，期待被无条件满足；他们看重自己的情绪，关注自己的诉求，对别人的处境和现状却有意无意忽略。

“你不会喜欢这个平庸的我。”

“认识久了，你肯定会嫌弃我，离开我。”

在强烈的焦虑之下，安全感的获得只剩一条路——用对方的隐忍、服从和牺牲，换取自己的认同、愉悦和底气。

到最后，再腻歪的两人，也会变成猫捉老鼠：一方紧追，一方逃窜。要么习惯成自然，要么一拍即两散。

-4-

这像极了我小时候看过的一幅连环画：深山老林里，一支军队在跑路。为了避开碎石，国王下令杀牛、取皮、铺满路面，以缓解被扎脚的痛苦。

牛一头头被宰杀，路一天天被铺平。有个大臣忍不住问：“国王，与其用牛皮铺路，用它来包住您的双脚不是更好吗？”

初看时，我反应慢半拍，只觉这国王真逗。现在想来，突然明白了好多道理。

感情中，你可以打情骂俏，可以人身攻击，可以撒泼，可以撒娇，可以粗口，可以装蒜，可以相爱相杀。

但别忘了，一律以自己的需求为出发点和归宿点，最终会作茧自缚。

除了每天窥探另一半的隐私，你明明可以良性沟通，把对恋人的强求变成对自己的修炼；除了贪婪地索取对方的陪伴，你还可以降低期望或转移注意力，逐步提高对生活的掌控力。

在很多时候，你我只是大号的孩子。用“占有欲”来表达我在乎，用“脾气臭”来掩饰自尊弱。却偏偏忘了，爱不是免责声明，不是随时解渴的自动售货机，更不是把对方变成第二个你。

-5-

《少年班》有句台词：欲望边埋着错过的他。

相处这件事儿，不是千辛万苦上贼船，而是你划桨，我逐浪，一舟只负一人重。

毕竟，你自己才是救命稻草。

说什么怀才不遇，不过是实力不济也不够努力

-1-

前几天和女友闲聊。她说，大学真是“事与愿违”的高峰期。

大一时，每天起早贪黑背书到近乎崩溃，考试却发现有人打小抄查手机，轻松拿下奖学金。

大二时，为了减肥饿得头晕手抖神思恍惚，室友一天五顿来者不拒却比自己瘦一大圈儿。

大三时，知乎上寻求共鸣，用心答题却应者寥寥；大V随便晒自拍，随即500评论1000赞。

再后来，总算熬到毕业。家里催着相亲，自己忙着投简历、

跑招聘，仅有两三个 Offer，自己偏偏瞧不上。

“我现在啊，不光缺机会，还缺伯乐。”

“别慌别慌，没准是时机未到。”聊了会儿，见她丧成苦瓜脸，我赶紧转了话题。

怀才不遇，这词儿还真让人闹心。

想起有阵子，我特讨厌数学好的家伙，生怕智商被碾压，时不时就抱怨：“我学不好是我不喜欢，如果做我喜欢的事，肯定比他厉害。”

折腾至今，总算能选择喜欢之事了，我却三分钟热度没耐性，想放弃，又不服气。“这个行业太现实了，就不能多给新人一些成长空间吗？”

我沉溺于抱怨和吐槽，习惯于逃避与盲从，妄言于风气差或他眼瞎——所谓“怀才不遇”，不过是一针麻醉剂。

-2-

明明什么都想要，却什么都不敢做；每天埋怨资源少，吐槽身边人太蠢；习惯式自我感动，从不知抬头看路……

“怀才不遇”之所以惹人厌烦，在于它是个没有门槛的避难所。

在自媒体圈，也有那么些“作家”，文章没见如何出名，成天故作阳春白雪状，念叨出版社太媚俗、垃圾文字太辣眼、好笔头无处安放。

像我认识的某位老兄，此人自称中文系大才子，诗歌小说散文俱佳。见别人写爆文追热点百般不屑，骂畅销书和名家经典全是糟粕。

平时朋友圈发动态，从过劳肥到鄙视链，从空巢青年到中年危机，什么话题都能聊得唾沫横飞。谁点赞，他说么么哒；谁反驳，他就飙脏话。

这都一年多了，我不知他对写文有几多热爱，倒读过牢骚百八十篇。主题无非是“我这么郁郁不得志全怪没人赏识，我生错了时代”，等等。

但讲真，听人夸两句就热血沸腾，听人呛两句就心灰意冷，这是自恋。这种情绪是慢性的毒，它还极易上瘾。

辞职，因为怀才不遇，领导无脑；撒泼，因为怀才不遇，怒火中烧；酗酒，因为怀才不遇，一醉方休；单身至今，因为怀才不遇，没人懂。

你从来不敢承认，所谓的“不公平”，或许只是介意分不到一杯羹；所谓“怀才不遇”，或许只是眼界窄又能力不济。

-3-

去年七月，我去报社实习，认识了一个 HR 小姐姐，我叫她琪姐。那会儿我在写“考研 vs 就业”的稿子，和她联系颇多。

好几次了，琪姐都直言不讳：“管他拿没拿奖，管他 985 还是 211，没点真本事，凭什么非要我录用他？”

“面试场上，抱着一叠厚厚证书，满口责任和梦想。等入职了，新闻稿，不会写；记录表，没做过；就连发个邮件，也不知道怎么开头……”

如琪姐所说，越往后走，“感觉良好”带来的后遗症，就越明显。

到那时，“不被赏识”就成了掩饰焦虑感的借口，蹩脚又无用。

诚然，这个社会有很多灰色地带，100% 公平只是理想化的错觉罢了。

但往大了看，有人狡猾有人蠢，有人顺风顺水，有人半路夭折，有人长在荒野山林，有人生在宽宅大院，有人一辈子浑噩。命运殊异，行路难测，都是不公，无法量化。

明明可以直面，却偏说这是歧视伤害；明明零星片段，非要把世界一言蔽之，是否太牵强了点？

最起码，当你的才华撑不起收入时，请别三天打鱼两天晒网；当你被迫待在“不喜欢”的处境时，可以及时止损快刀斩乱麻；当你看不清茫茫前路时，不如且歌且行活在当下。

如果伯乐难觅，打磨才气和心境，你早晚还有出头机会；如果手持烂牌，光顾着向命运撒泼、赌气，将颓废到底。

很抱歉，那样的你，除了自怜，别无所有。

我宁可低级趣味，也不要假装来的“高级感”

-1-

刚实习那年，每临采访，我都会描眉画眼，穿上卡着尺寸的收腰包臀裙，踩上几厘米的细跟鞋，生怕别人嫌我不专业。

有次，跟着老师去见某影评大V。为了让自己言谈“高级”些，我备了好几页术语，念了一堆生僻问题，稿子凑得又臭又长。

聊到某部国产片时，我脱口而出：“这可是烂片啊，还以为您不会关注呢。”很尴尬，大V并未正面作答，而是反问道：“那你眼里什么算烂片？”

“就，就是那种档次特别低的吧。”

大V看了我一眼，乐了：“都是观影，有人喜欢形而上的脱俗，有人需要世俗意义的趣味，不过喜好不同罢了，哪有什么低级不低级？”

听他说完，我一时羞赧，红了脸。

许是那次采访触动颇深，再后来，无论是和朋友唠嗑，或是写文诚荐，我都很少会提“档次低”“渣烂差”云云的字眼。

这几个月，和我妈相偕看片数十部，往往是她摇头我拍手，我昏睡她畅笑，也越发感受到那位影评人话中的高妙。

如他所说：“一个人创造出来的东西，被另一个人喜欢，也算艺术。”

我以为的年度佳作，没准是别人眼中的催眠曲；我不屑提及的烂片，兴许是别人乐和两三小时的消遣。

谈不拢，合不来，那就自己玩。

-2-

很多时候，鄙视像条食物链，是个绕不开的怪圈。

比如某些听欧美音乐的人，嫌弃民谣“无病呻吟假文青”；看英剧的人觉得自己智商高，讥讽韩剧港剧内地剧“瞎矫情”。

换到学科领域，不少理科生瞧不起文科生，自以为随便扔个薛定谔定律就能把人吓成猫。

我闺密曾调侃说，读大学这几年，习惯了韩式拌饭、手卷、加州卷，就怕吃着吃着，越来越瞧不起那些拌面、蒸饺、黄焖鸡。

“你最近这篇文章可真土气，你不知道吗，现在流行犀利辣文风。”

“那种娱乐圈八卦你别写！追热点的号都是下九流，乌七八糟的。”

好几次后台收到此类留言，起初我有点懵，后来只觉好笑。于我，文学、摄影或其他，皆是自己与美的缘分，或多或少，或亲或疏。它的价值在于觅知己、得共鸣，而非沦为彰显自身“高级感”的假道具。

在有些人眼里，你一度想搭讪的女神，是他腹诽的八面玲珑女；你非 985 名校的出身，就沦为他口中不入流的 Loser；你日思夜想的小城，是他嫌弃的山沟沟……

眼界、处境、生活圈，会投射自个儿心情不假，有喜好憎恶也没错，但最烦的，是拥此踩彼，借爱它厌它来自诩品味。

比起缺料的“伪鸡汤”，我更怕虚假膨胀的自我认同；比起所谓的“高级感”，我更想做一个低级趣味的人。

-3-

长假这几天，我抽空读完了野夫的《乡关何处》。文字甚好，颇有趣的，是柴静为他写的序，里头提到一件小事。

有次北京某大咖聚会，他俩碰了面。举座都是富贵人，三个多小时里，野夫既不参与，也没有不耐烦，反而自斟自饮，怡然自得。

平日里他也是这般。席间不抢话、不争锋、不费口舌，有他的地方笑声最多。就算有人说话不得体，亦能呵呵相乐。

吃完饭，袅袅一根烟，聊旧体诗。

虽说野夫常以村夫自许，但柴静笔下，他格外雅致。细想来，一个人的真实涵养，恰恰体现在思想喜好的包容性。

听到别人要牛排“八分熟”，正宗西餐店里要筷子，他不会心生出高贵感，而是该怎么吃就怎么吃；看见朋友戴着耳机听穿越、霸道总裁有声小说，亦不会满口讥讽或者敬而远之。

说真的，我很少遇到真正见多识广、视野开阔的人在人前大肆炫耀，却见过很多阅历不深、学无所长的人在背后指指点点。

这世间有千万种活法，如人饮水冷暖自知。谁都不必看不上谁，更遑论拿着自个儿的标尺去测度别人。

“高级感”这件事儿，一旦用力过猛，难免吃相难看，漏洞百出。

-4-

《什么样的女人自带高级感》《当你又美又瘦，还有什么得不到》《控制体重，你就能控制人生》……

公众号里，充斥着一篇篇鸡汤字眼扎堆的文章，教你“投资”“提升自己”“努力变好看”，倒不是说全然无用——拿它偶尔抖擞精神还行，用来洗脑，就有点过了。

现实中的我们，是同吃粗茶淡饭，共与油盐酱醋交手生活的。虽然好脸蛋很多，却真的少有那种睫毛扑簌、拔下来能当哨儿吹的聪明人。

所以很多女孩，哪怕身着限量裙、脚踩恨天高、手提名牌包，却依然美得战战兢兢，少了些从容不迫和恣意的任性。

她们努力学习各种“高级”的知识，贴满各色“高级”的标签，迎合别人，却不取悦自己。

原以为，更高级的生活是，有一天逛超市再也不用关心价格标签，可以随意去见当年不敢见的人，可以不问机票价格飞去痴念的远方……

慢慢拥有这样的生活了，却未必比过去开心几多。别忘了，美需要底气，是自我升级，是认清优缺点，不盲目做加法，带着脑子御风而行。

与其随大流，为了所谓的“高级感”，将不契合自己的皮囊、性情和气质，硬往身上套，还不如做浮流中的一簇青藻，自在摇曳，澄透可爱，将那枝叶渐渐舒展。

气质易得，高级难觅。你我皆凡人，不如少点包袱，轻装上阵。

再多假闺密，不如一个真饭友

-1-

年少时，一个人吃饭如单刀赴会，有多轻快，就有多心酸。

赶上饭点，小长队排起来，挨个磨蹭到窗口，端一盘子饭菜，转身巡视找座儿。害羞如我，一心奔向角落去。

最怕的是，眼见某老师一脸攀谈状，径直走到我对面——那些鱼丸啊，虾饺啊，蘑菇啊，瞬间晦暗下来，白米粒也变成塑料泡沫。

“你发现没，这个菜好像没加盐？”

“对啊对啊，土豆牛腩也不好吃。”

“哦，我吃完了你慢慢吃。”

搜肠刮肚，一番尬聊，这餐午饭就 Over 了。

再后来，我换了同桌，淡了青涩，添了第一任“饭友”。

那会儿，她叫包子，我叫油条。许是对味也对胃，相处起来，倒不尴尬。若是周末没课，她找路，我探店，满杭州东跑西颠。

有次钻进苍蝇馆子，一手油，一脸汗，我狼吞虎咽，吃相全无；她错把米酒当甜奶，咕嘟咕嘟，声音都变稠。

待雪落满枝，我俩冰糖炖梨汤，红薯捂心窝，顺便约定着，等上了年纪，变成老太太，每天就裹得严实点，互挽着出门，扯闲话、嗑瓜子、搓麻将、聊八卦。

晌午饿了，唤来小孙子随时开伙，炒个家常菜，煮碗甜面汤。下午织织毛衣睡睡觉，消磨到晚八点半。

聊着聊着，我肚子咕咕叫，她哈哈笑。两张滴粉搓酥的小脸，像是糯米粽。

年少不知岁月长。彼此陪伴战胜实际的亲密，成为煲制感情的小慢火，呼啦一声，明晃晃。

哪怕多年过去，那些暂别和淡去，我快记不清，却忘不了儿时吹过的牛皮，“等我挣了钱，请你吃大餐”。还有她喝完米酒醉眯眯，笑着踢开路边油桶，又痛着跑掉的傻样子。

-2-

世间处处是悖论，吃喝却是硬道理。

遇见一个好饭友，胜似一碗暖胃汤。治无趣、治烦忧、治两地相思、治手脚冰冷、治心塞。

原以为，难得假期，最惬意不过，两三知己相聚在夜间的烧烤摊，凉风习习，开瓶啤酒撸着串串，吹牛聊天寻个快活。

闺密阿星却告诉我，每次聚餐拟定名单，她都格外头疼。翻开通讯录，打开朋友圈，明明满屏熟人，能约者唯二三。

被“否掉”的朋友里，有的埋头工作，档期太满抽不出身；有的不喜辣不沾杯，约饭唱歌难尽兴；还有的呢，忙着减肥塑形，生怕上火长痘，鸡鸭鱼肉变成五谷养生餐……

“光吃饭也就算了，就怕结账买单时，你跟他 AA，他说你假惺惺；你抢着付账，他推来挡去掏钱包。”更有甚者，明面客气，暗里算计，谁多花了谁少花了，门儿比谁都清。

一日三餐，五谷杂粮，七情六欲。

父辈们常说，饭局如战场，得失唇齿间。吃得舒服倒是其次，更重要的是把人脉稳住，把事情谈成。但在年轻人眼里，“酒肉朋友”未必是个贬义词。

在这甜咸汤圆都会引发“南北之争”的时代，如果三观不完全契合，吃喝能够同频，又有何不可？

即使不喜咸辣，我体谅你重口味的心；即使来往不便，你依然会赴我的约。

只可惜，身边的人来了又去，疏了又离。每一程，都能遇上同行者，却很难遇到那样一个你——像小松鼠手捧着坚果，拿出最好的四季和我分享。

-3-

8 岁时，只要一起约过饭，咱俩就是好伙伴。放学后，甩掉鞋袜，窝在沙发，彼此蓬头垢面吃鸡爪，面目狰狞也不怕。

19 岁，我说知己莫过于“晚来天欲雪，能饮一杯无”。冬夜漫漫，灯光暗而暖，座位宽而软，一桌人聊天说地斟酒不休。

这些年渐发觉，一个人吃饭，其实也挺好。窗外薄雾起，小汤匙在碗边敲敲节拍哼哼歌，扫扫瓜皮打打盹，多自在。

我不必等人，不用主动破冰，不怕面汤溅身，不怕笑场喷饭，可以发呆放空吃喝两三小时，也可以狼吞虎咽五分钟抹嘴走人。

和外界打交道时，自愿的、不自愿的废话太多，聚散太快。守住嘴也守住心的时刻，我，是自己最好的伴。

人生在世，饭友难觅。惜缘已是难得，求份过于奢侈。

管她浓汤鱼羹，还是清粥小菜；管他白酒利刃，还是黄酒钝刀——对味的人，对胃的菜，才算可爱。真希望你能三餐不忘，替我照顾好自己。

若有伴，愿持一瓢酒，远慰风雨夕。

若独食，空腹不得饮，来锅黄焖鸡。

Part 2

你所谓的“佛系”，是对生活的逃避

出身、家境、学历、婚姻、财富……当每一个鲜活的个体，被切割成具象的指标，谈恋爱、找工作、交朋友，便成了势强者胜的博弈。

众声喧嚷，唯你语塞。出名趁早，就你晚成。真恨不得三天刷完一门课，节食减掉一身肉，摇摇约来一男友。

别把自己的努力变成一场较劲，你那么年轻，又害怕什么来不及？

当个普通人并不丢脸

-1-

“如果我是她该多好啊。”和小周闲聊。不止一次，她提及了身边闺密，言语里尽是羡嫉。

“她从小比我优秀。我越在意她，就越想远离她。旁人眼里，她是人生赢家，而我是无用的 Loser。”

憋屈如小周。多年来，为了赶上闺密的步速，她跑跑跑，追追追。做自己不感兴趣的事情，去不甚向往的地方，谈不咸不淡的恋爱。赔上太多焦虑和闷闷不乐的时光。

明明是个浓眉大眼的俏姑娘，她却忍不住文美瞳线注水光针，20多岁高龄戴牙套，疼得龇牙咧嘴只为四个字——我不想输。

本以为，变美之后，能在颜值上扳回一局。谁知年岁渐长，闺密越发开了挂：奖学金论文奖拿到手软，专业综合双料第一。

“凭什么生活对我那么苛刻，对她却那么仁慈？如果拼尽全力还是不如她，那我努力还干吗？”

隔着屏幕，我似乎能看见小周垂着眼、撇着嘴、一脸丧气的模样。

想抱抱她，却伸不出手。

-2-

人生赢家。

这词儿有毒。本来我挺想问小周：“这种近乎执拗的攀比，是你自己渴望的生活，还是环境或身边人强加的标准？”

但我没资格问。某种程度上，我俩一般无二，考研要985，求职要北上广，身材要白瘦美，男友爱我要比我爱他多。

出身、家境、学历、婚姻、财富……当每一个鲜活的个体，被切割成具象的指标，谈恋爱、找工作、交朋友，便成了势强者胜的博弈。

所以时不时，就会听闻这类句子：“你连那种人都不如，还能有什么出息？”“30 岁不谈恋爱，活该孤独终老！”

于是乎，很多人怕了，乱了、烦了、开始忙着出名趁早，忙着赶场相亲，忙着复制高大上的标签人生，却不幸偏离迷失在自己的航道。

然而就像小周问的，我都那么努力了，为什么一点都不快乐？其实答案很简单。你所谓的“努力”，不是为了上进，而是为了较劲。

当你的着眼点，落在自己痛、弱、苦等缺陷的一面；当你的价值感，对赌般押在和别人的攀比中，注定是一场诱人却必输的败局。

-3-

想起六月初，我和朋友去看《重返狼群》。片子甚好，但最让我动容的，是故事的男女主角，亦风和微漪。

收养小狼之前，亦风是摄影师，微漪是画家，算是妥妥的人生赢家，模范情侣。可为了送格林回狼群，他俩变卖家产，背井离乡。一年又一年，如牧民般留守在了草原。

电影放毕，前排的小情侣叽喳起来。

“他俩放着好好日子不过，去西藏折腾，值得吗？”

“这种人脑子有坑。你说正常人会把狼当孩子养？”

我和朋友听罢，互看了一眼，似是苦笑。不知从何时起，背离主流，成了一件“丢脸事”；放弃出人头地，成了一笔“亏本买卖”。

只是，这个世界是那么庞大冗杂，不是所有人都非得有醇酒要喝，骏马要骑，高官要做。

安于平淡又怎么了？当个普通人很丢脸吗？只要你不是两手一摊不作为，得过且过混吃喝，谁又有资格去苛责、去评价？

于微漪而言，所谓的人生赢家，不过是尽力做一个忠于自我的人。她按照内心轨迹运行，随境而起，随境而弃，身上有着闪亮的星芒。

-4-

我从不否认，无论 20 岁、30 岁、40 岁，每个人都在觅求刺激和仪式感，都拥有疲惫生活的英雄梦想。偶尔浮躁、焦灼和虚荣，都很正常。

可有没有想过？每天焦头烂额，有多少事情是你真正想要、喜欢或者应该做的？你对自己嫌这嫌那，有多少真有必要改变和提升，有多少仅仅因为别人比你更好？

更多时候，我们的症结压根不在嫉妒、攀比和贪婪上，而在于我们虚伪——既不承认自身的局限，也不忠于真实的本我。

“我什么时候能做自己就好了。”这样的人，要么屏蔽自己的内心诉求，要么缺乏体验和尝试。其实每时每刻，你都有能力做你自己。

你可以混圈子搞创业玩融资，20 出头嫁入豪门，少女感爆棚宛如公主；也可以挣不多不少的工资，拥有一个不坏不好、烦恼和温情一样多的家。

但别忘了，假设有一个游戏，无论怎么玩都赢不了，这时，也许该停下来，观察这个游戏，检视它的规则，而不是盲目地继续。

毕竟嘛，路径那么多，活出样本的不落俗套才有趣味啊。

去他的人生赢家！而我，只想快点回家。

你努力的样子，看上去可真焦虑

你像得病了。

明明硬盘里塞满了干货技巧必背帖，大脑里却依然空空如也；明明自拍修图老半天，超高评论量却拯救不了现实苦瓜脸；明明一天只吃两顿夜里狂跑三圈，前凸后翘还是渺茫又无期。

可气的是，身旁那些家伙，要么人美条顺气质佳，要么双商把人虐成渣。你开始暗骂："做人真没劲，努力有屁用，否则，我怎会平庸至此。"

焦灼、不甘、嫉恨、泄气……却只能刷微博聊八卦逛淘宝，心力交瘁暴食再昏睡。直到清醒时问自己："我为什么又浪费时间啊？"

这样的你，可真焦虑。

-1- 身心掏空型焦虑

最近有个刷屏热词——“空心病”。

虽是杜撰之语，它却折射出大学生们的群体浮躁——孤独、情绪差、兴趣匮乏、感觉学习和生活没什么意义，无法建立深层亲密关系。

像身处于一个四分五裂的小岛，“不知自己该想什么，该做什么”。如此一来，日日浮沉，身心掏空。

电影《黑天鹅》里的女主角 Nina，是个典型的焦虑患者。

她从小忍受母亲的“绝对控制”。受原生家庭影响，长大后，Nina 成了一个追求极致的舞蹈家，“姿势精准无瑕，却一直没有灵魂、没有自我”。

后来她终于有了机会——在《天鹅湖》中一人分饰两角。为了实现理想中的“完美”，她既要保留白天鹅的矜持优雅，又要逼迫出本性的邪魅妖冶。

外部压力与自身矛盾之下， Nina 幻觉频现，直至精神分裂。片尾，是正式演出，Nina 随音乐起舞、摇曳、谢幕。伴着掌声如潮，她却摔落舞台，卧躺血泊。

黑白天鹅终于不再搏斗，她死了。

从表面来看，Nina 所患之心病是一种能力焦虑。就像溺水之人，越乱扑腾，越易腿脚抽筋、下沉加速。而事实上，能力焦虑的背后往往是关于自我存在和自身意义的质疑。

这位腹黑女主正是如此。自始至终，她都背离着本心。鲜有几次觉醒，无不押宝一般，尽数抛给了外界环境，以及母亲、老板、观众们的热切目光。

对缺乏生活掌控力和自我意义感的人而言，一旦努力无法消弭有关未来的不确定，那么些许敏感、比较、失衡、落差，便都会成为焦虑的“帮凶”。

得病的你我，概莫能外。之所以“明知道”却“做不到”，之所以手头事毕却内心空茫，之所以害怕失败压力山大……说白了，是没弄明白自己到底要什么。

原动力不足，眼前之物便如鸡肋。

《霸王别姬》中关师傅说得很妙：“人要自个儿成全自

个儿。”

倘若把一生妥善安放于他人设定好的蓝图，你所痴妄的，也不过是他人眼前的风景。

身心掏空的你先要找到“真实的自我”。

-2- 急功近利型焦虑

咱生活的时代，也有病。

早起刷手机，你发现《毕业月薪十万是种怎样的体验》《上了985、211，才发现一无所有》之类的伪干货、牛人帖，昨晚便霸屏了朋友圈。

耳闻舆论场，你知道网红都靠脸吃饭，10万+阅读不算多，资格证是秒过的，少年当老总没啥可奇怪。

日益浮躁的社会，蔓延的功利主义，迷蒙双眼的你我。似乎都在刻意屏蔽着万能传播链上，所有个例均能包装成典型，所有光鲜都可放大和伪饰。

众声喧嚷，唯你语塞。出名趁早，就你晚成。真恨不得三天刷完一门课，节食减掉一身肉。

想要速效成功的野心越强，你越发看不起当下不求上进、泯然庸人的自己。

小时候看《蜡笔小新》，我老说，他爸爸真没存在感啊。就像生活中的“大多数”，32 年的房贷、挨不完的暴揍、加不完的晚班……日子过得苦兮兮。

而这老大叔成天就知傻笑，坦然得很。工作不顺，他就想想身边老婆儿子，想想今晚看场球赛。心情不爽，只要手边有杯冰啤酒，烦恼就被咕咚咕咚灌下去了。

现在回想，小新爸爸很厉害呀。那种“生命要浪费在美好事物上”的人生哲学，他玩儿得很溜。对咱“大多数”而言，或许平庸才是生活常态。

如果仅因所谓的“优秀”“成功”，逼着自己飙速前行不管不顾，抛却琐碎日子里所有静候和热爱——那压根不算上进，而是无用的较劲。

小时候丢过的脸、走偏的路、考砸的分数，长大后没用的闲书、如梦的爱情、悔不当初的抉择……是经历，是体验，也是你没辜负的好时光。

才 20 岁啊！怕什么来不及。

-3- 假性勤奋型焦虑

此类焦虑者，往往自律力惊人。平日铆足一口气，紧绷一根弦，很少懈怠和歇息。

像我有个朋友，他每天早出晚归泡图书馆，拼命三郎般考研考证、看书做题。偶尔碰个面，他要不左手刷题右手扒菜，就掏出单词书叽里呱啦地背。

大前天，他很突然地，说找我聊聊。

“真气人。考前两个月我就冲刺了，每天熬到两三点，卷子做了几十张，居然又不及格，你说改卷的是不是有毒？”

“我老觉得，身体不怎么听使唤。明明累得想休息，脑壳又往外蹦公式蹦大题。除了读书，其他好像没啥意思？”

刚开始，我挺同情，也挺佩服。听了好一会儿，我才反应过来，这哥们儿，分明是个“低品质勤奋者”。用他原话说，熬夜大法好，苦读是个宝。

考四六级是滚动式抄背单词，学数学要一手刷题一手答案，不睡觉可以赶超别人多赢几分，减少外出就能修身养性保实力。

这恰好解释他为啥“越努力，越焦虑”。说白了，就是空有“忙碌的姿态”，却没有“透彻的深思”。勤能补拙没用？当然不。但也有前提啊。

最起码，“勤”得用在真正棘手且更有价值的部分。在伪用功者眼里，“收集信息”无异于“获取新知”；“把书翻完”意味着“我在进步”；至于“熬夜苦读”，会让自己“感动想哭”。时间久了，难免形成思维上的能力错觉。

光上课不考试还好，可一旦假象戳破、高分梦碎，那真是欲哭无泪。

“这不可能啊，怎么才这点分？”

“唉，我当时怎么没多熬几夜。”

“原来这本书背两遍没用，起码三遍……”

有时候，不怕真穷，只怕伪忙。不怕效率低，就怕懒动脑。

抱怨“越努力，越焦虑”的你——不如缓缓，咱先来个深度思考。

其实，“焦虑”没那么可怕。身心被掏空，也许定位不准；急功近利，也许心态跑偏；假性勤奋，也许方法有误。越是渴望摆脱焦虑的你，越要学会与焦虑共存。

适度了，它能当催化剂；过度了，它就变成定时炸弹。

祝，你我的焦虑刚刚好。

你嘴上的“自律”，或许只是自虐

-1-

她的身体瘦了，心却虚胖着。

纯燕麦、糙米饭、滤了水的青菜和豆腐。三四十分钟慢跑，一二百个深蹲。从间歇性断食到哥本哈根减肥法，她成天盯着体重秤，满眼只有心率、体脂、卡路里。

3个月后，她头发干枯，嘴唇开裂，走路都嫌轻飘。三餐紊乱的催吐、胃酸的倒流，以及缺钾后的持续眩晕，让她几近崩溃。

放纵如山倒，自律如抽丝。终于有一天，她憋不住了。在半夜潜入厨房，把一个个冰冻未熟的馒头塞进嘴里。淀粉分解的一丁点多巴胺，给予她施舍般的快感。

他在别人眼里，是个计划狂魔。

早晨打卡200个新单词，中午VOA（美国之音）晚上听微课。吃饭或是如厕，全得掐表完成。朋友四点到站，他推托婉拒，生怕错过每天下午刷真题卷的时间。

慢慢地，他开始讨厌有人搭讪，讨厌所有扰乱计划的琐事，讨厌无益的开销与应酬。时不时，就忍不住鄙弃自己："计划又泡汤了？你怎么动不动就困？你是蠢吗？再这么搞下去，你就是个软弱无能的尿炮儿！"

他把生活变成了一张Excel。数不清的待办事项，密匝匝的最后期限，挨个完成，逐个打钩，心里才舒坦。要是计划搁浅，行程生变，负罪感会瞬间满格。

她和他，都是狠角色。可你信吗？自律这玩意儿，也有真伪之分。

有些人眼中的"自律"，是自虐，是强迫，是近乎残酷的完美主义。越偏执，就越崩溃。

-2-

伪自律者们，总会被不合理的执念洗脑。

“她比我瘦，是因为她比我吃得少，运动多。”

“他不喜欢我，一定是我腰不够细，腿不够长。”

譬如成天苦瓜脸的节食妹子。

她从未在意减肥带给自己的内心变化，只是单纯压抑自己的欲望，忍受食欲被剥夺的煎熬，透支本就不多的意志力。

恍如进了一间庙，披了一袈裟，戴了一金箍，满口佛理，却并无佛心。

事实上，任何需要“高度自律”的事，都很难长久。没有一种意志力，需要你我以绷断神经、透支身体为代价，换取一时一刻的成效。

若在某人眼里，跑步要咬牙，加班要咬牙，投入学习要咬牙。其实也间接承认了，维持这一切是多么困难啊。

当你满心想着不疯魔不成活，看似很励志，实际却在暗示自己：我现在好痛苦，还要多久才能结束？还得多少次才熬出头?

“原本减肥，是为了更好的自己。可现在，我连怎么吃饭都不会了。”本能蠢蠢欲动，势能不断攀升。一旦食欲的缺口决堤，难免胡吃海喝，一夜回到“解放前”。

可恨的伪自律，让你的重心由过程转为结果。捆缚其中的你，只想快点涅槃，早日挣脱。

相反，那些真正的健身爱好者，往往不太关注体重。他们选择跑步、游泳、练器材，并非为了一副骨瘦如柴的小身板，而是热爱运动本身。塑形或减脂，不过是个附加值。

他们赞成运动带来的是不一样的人生，却清楚知道，运动的成果不必用体重来评判，更不会拿“好女不过百”的落伍标尺比画他人。

过度自律，是一件反人性的事。不管控制体重或管理时间，最终是为了让你觉得，在按照喜欢的方式变得更好。

最无解的，是你照猫画虎，观望别人的生活，复制别人的节奏，却粘贴不出一个真实的自己。

-3-

你是否也发毒誓晚上 11 点前睡觉，却在半夜两三点打游戏、撩妹子、刷手机？你是否也立下壮言每天跑步五公里，却一回家就躲进被窝，嚼起薯片，全程葛优瘫？

你以为都是“意志力”惹的祸？错。说白了，自律是一场动力和阻力的角逐。它的本质，并非“我要在 × 点 × 分做 × 事”，而是“我可以自控，我享受当下”。

我身边那些真正的大神——也许不够拼、不够急、不够快，却很明白自己要什么，做什么。

首先，他们不会对身体撒谎。其次，他们专注、热诚，享受当下的心流体验。

“这件事我真心喜欢吗？”

“这件事我必须做吗？”

“我能够为此负责吗？”

比起盲目争斗自我内耗，他们坦然而笃定，不会为了做而做。

正因如此，他们有一套轻易不被撼动的价值观。难熬之时，也很少纠结于公式化的时间投入，而会把精力放在欲望的转移和吸收。

所谓的高度自律，是你我眼见的表象。于他们而言，是习惯也是本能。旁人嘴里苦行僧般的生活，就如他们的一蔬一饭，三餐四季，再寻常不过。

自律这件事儿哪，终究不是眼里看看嘴上谈谈。再说了，就算现在定力稍欠又如何？起码，这是一个和自己相处、磨合、修整，进而升级自我的绝佳契机。

别人通过跑步五公里得到的好身材，你若心脏吃不消，那就饭后散步保持体型；别人自习室从早到晚十五六个小时，你若觉得超负荷，那就专注真正有效时间。

何必高估别人的定力，菲薄自己的无能？做他人眼中的能力强者、完美女神，或许并无意义，如果连你也不曾喜欢那般的自己。

真正的自律，更是悦纳“自己的规律”，明晰你的动机，调适你的计划，专注你的热爱。之后，只需款款而行即可。

你总怕浪费时间，可真无趣

-1-

前几天，有女孩在后台留言："谈恋爱是不是太费时了？我如果拿和男票腻歪的几小时，去读书、做题、健身，会不会更有性价比？"

见着"性价比"三字，我瞬间愣怔。什么时候起，恋爱成了不务正业的代名词，沦为投资回报的估价品？和心上人絮闲情、道短长，难不成要掏个小算盘拨弄一番？

打小，你我就被亲爹妈洗脑："谈朋友会影响成绩，影响学习就考不上好学校，没好大学就没有好工作，没好工作就没好未来。”

似乎，年少执迷的心头好，都是前行路上的绊脚石。读大学，获自由，难免会困惑：“和他在一起，我哪有空自我提升？努力到更好的平台，才能遇到更好的人吧？万一两人分手了，这恋爱不就白谈了吗？”

纠结着，懊恼着，暗恋的男孩毕了业，分手的前任撕破脸。

我身边，就有俩姑娘。一个呢，是效率狂。她曾说：“有空你侬我侬，远不如刷卷子、听讲座来得实在。”故而备考造价师时，她心一狠，蹬了相伴三年的初恋。

另一个，小怨妇。分合两天，便寻思着讨要青春损失费。前任不肯，她便歇斯底里斥骂不停。她俩很一致，“相爱是浪费生命，相处是无期徒刑”。

于我啊，这观点真荒谬。要是“谈恋爱浪费时间”能成立，那吃饭睡觉、陪伴父母、应酬交友，不都是在虚耗生命？

更何况，傲娇如时空，本无快慢之分、意义有无。所谓的价值，莫不是各自赋予。站在人生的大尺度上，又何来“浪费”二字。

很显然，这俩姑娘夸大了机会成本。难道身边没人烦，你就一定能埋头苦读，而非刷手机、看韩剧、嗑瓜子？难道不幸分了手，你就自认被亏欠被伤害，而非谢谢对方教会你成熟和成长？

做人嘛，若谈场恋爱都苦算回报率，多不可爱。

等过些年，再回望，谁还会吃饱撑着，心念那几沓试题纸、三两失眠夜？谁还会耿耿于怀，嫌忌那几次小打闹、七八违心语？

所想的，总是那年彼此并肩花荫的打情骂俏，单纯痴念的陈旧傻事。

Time you enjoy wasting, was not wasted.

自以为白费的青春，其实填满了回忆。

-2-

临近期末，常有些抱怨会飘至耳边。

“我当初怎么会选这种专业！现在翻书复习，简直像第一次预习似的。”

“这么大段大段的，背了也好像没用啊！等再过几个月，我不就忘了吗？”

此类临门抱佛脚式的哀号，我也有过。

那时大一，手头的文学史教材有两三本，厚如方砖。每每翻阅，我都嫌它费时费心。貌似这专业书，除了拿来应付考试，并无什么提升效用。

于是，我迷上了碎片化阅读。刷知乎、登果壳、逛贴吧，不消几分钟，便能添满一页笔记，赚取一身干货。总以为，新技能们会带我飞。

然而干货池里泡久了，我却斗志涣散、热血放凉。临近大考，才猛然觉察：“什么鬼，我的专注力、记忆力，怎么下降了那么多？”

我自以为的速效捷径，竟成了功利心的无底黑洞。

回想幼时读书，全凭喜好，不为其他。薄本小画册，生怕看完就没了。每天翻上个几页，不敢囫囵吞，只能慢慢抿，一读便是一夏秋。

说不浪费时间？假的。但那些平实的理、妙趣的语、素朴的画，依然真切着。

“既然读过的书会忘。那我们努力又有何用？”事实上，读书本无用。多不了，急不来。有时候，它仅是一瞬悸动，一秒心流体验。想强行赋予意义，或是标价收售，真不必。

诸如“读完一本书就改变一生”之类的功利思维，只会使人深陷于实用至上的怪圈。着急长大，着急成才，着急回馈，着急刚落下的种子，不日便绽出一树昙花。

《倚天屠龙记》第二十四章，张三丰临场教张无忌剑法。很奇怪，演示完后，张三丰竟让无忌把所学之剑招全部忘光，再上场对敌。

那不都白学了吗？既让弟子无招上阵，那刚开始又何必费时亲授？

而今想来，张三丰之意，岂是教人忘剑法，分明是习剑意。无忌身为弟子，招数学得再快，也易流于皮毛。唯有习得招式背后的本源，心无拘囿，以意驭剑，方可运用自如。

《独孤九剑》的心法，正如此。风清扬让令狐回归于无，如此。我们读那无用之书，栽那无果之芽，亦如此。

现在啊，我倒挺喜欢翻翻教材、读读论文。也慢慢明白，所谓“白读”的知识，要不就是没过脑没走心，要不就是未到用的时候。

无用之书，最是大用。它不教你如何“记”，却助你怎样“悟”。那些反复翻阅、心亦摇焉的日子，一如溪水淌过指尖。水痕不见，凉意犹存。

-3-

我绕过不少弯路，有过一场浪不起来的流亡。

因不满应试体制的框束，高一那年春，我告别课堂，以家为校。本以为，枷锁卸下，我只管活得恣意洒脱。又怎知，年少的叛逃多以张狂为始，再以惨淡终之。

一篇旧文里，我写下那段经历：“别人奋笔疾书，我在倒腾转车。从起点站晃悠到终点站，腿酸头麻。别人紧张充实，我却无枝可栖。凌晨湖畔的长椅被流浪汉占满，凛冽的寒意，从头浸透了我脚尖。别人花季正好，我像败谢的枯枝。青春期撞上更年期的无谓争吵里，枯枝长成头上犄角，抽打了自己，也扎伤了妈妈。”

这失意的日子，淅沥了三年。有朋友问过，你不后悔吗？

既然知道是条弯路，是错的，为什么不肯及时调整？事实上，我知错过，却没悔改。

生一时，活一时。并非所有事都能权衡利弊，不是所有选择都要追求意义。当时的我，是点连成线的必然。就算回到原点、清空后文，恐怕依然会挑中那条“弯路”。

现在再想起，那段晦暗无光的独行旅途，我挺感激。

如果不曾“白费时间”，我不知无援的孤独会在煎熬的冒险中蝉蜕，我不知过不去的琐碎其实是自设的束缚，我不知一个人流浪越远之际恰恰是离家越近之时。

《那些年》里，沈佳宜曾对柯景腾说：“人生本来就有很多事是徒劳无功的。”当时柯景腾没懂。几年后，他才恍然，原来关键只在于那些事情是否足够美好、足够值得。

一个人对时间的诉求，也是对生活、对生命的姿态。

与其一路狂飙，被终极目标死拽着，干吗不悠着点，且恣意虚度那短的沉默、长的无意义。经历也好，体验也罢，自己手动解锁，难道不更有意思？

我一点儿不急。我还有余生，可以好好地“浪费”。

“你是否要退出群聊？”“是。”

-1-

前几天，我退了30个微信群，关了20个公众号，删了10个通讯录好友。

说来好笑，现在的小伙伴们，还真挺喜欢“一言不合就建群”。同途偶遇拍了照，想要共享，建个群；刷剧吐槽聊八卦，邀上好友，建个群；一起听微课，一起考证忙，建个群。

于是乎，我总莫名其妙被拉进各色群里。除了家人朋友群之外，其他都是八竿子打不着的存在，像什么原创授权群、打卡群、遛狗群、拼车群、外卖群……

本以为，这些看似煞有介事的“小团体”能让我抱团取暖，连呼快哉。却未承想，里面充斥着刷屏似的表情、一两块的红包、无意义的扯淡。

身为懒人，我一度怀揣“能不走就不走”的钉子户之心。

直至某日，手机无缘无故闪退，内存不到 100MB。我才忽地明白了，每天混迹的很多群，除了浪费流量，占用空间，损耗电量，意义又何在？

我不想凌晨收到大波未读消息，不想看某人现场直播声色日常，不想刚开口就成话题终结者，更不想把自己变成一串字符、一个头像、一团占用手机 0.05GB 的数据垃圾。

罢了，眼不见为净，我把手指点向界面右上角。“你是否要删除并退出群聊？”“是。”

-2-

当然，并非所有聊天都是一种无意义的消耗。

像什么工作群、家族群、密友群，暖心且便捷，倒还好说。没准余光一瞥，单击“添加到通讯录”，你就认识了不错的他。

但更多时候，被倾诉欲吞没的你我，只有互撩的闲情，却没有珍视的心意。为了认识和维系某些关系，我们在朋友圈小心翼翼地窥伺，在留言区急不可待地点赞。

却不料，硬社交中带着明显意图的交流，成了榨干最后一丝热情的元凶。

群聊何尝不是如此？有些人，把微信群当作“资源和人脉”的中转站。一旦被邀请进某个群，火速扫一眼群里有谁，纯靠名气大小、番位高低添加好友。有些人，渴望被人围观，优越感满满。要不吹捧自己，要不揭朋友的短。开口闭口都是“我怎么样怎么样”。

还有些人，迷醉于群体式的认同感。总想抱成团，取取暖。自以为表面合群，内心就不会孤单。

“我今天啥事也没干，不知道你们在干吗？哈哈哈，原来你们也没好到哪。我放心了。”

当你心安理得地忘却真实，当你心安理得地麻痹自己，殊不知那些说过的话、聊过的天，早就过宿了，搁凉了，摆馊了。

-3-

还记得，我第一次“被移出群聊”的糗事。

该群两三百人，平时大家插科打诨，彼此逗乐，还算融洽。有次抢红包大战，我不知他们玩兴正酣，很不知趣，把新出炉的文章往群中一丢。

等再打开时，稍觉奇怪。再一看，心头拔凉：我被踢了。

那会儿我挺自恋，生怕相聊甚欢的友人察觉我不在群中会心生困惑，便赶紧翻出列表，想跟他们解释一番。谁知呢，我俩压根没加对方好友。

此事过后，我才算清醒了，我所执迷的，不过是“有很多朋友”的假象。而我所拥有的，不过是联系人罢了。

最初我们说得很好听。像什么联络感情，深入交流，互换资源。可事实上，光靠微信群里的插科打诨，如何能“拼凑”出一个完整、立体的人？

那些踏实做正经事的大神，又怎会吃饱撑着，成天埋头于信噪比几乎为负的闲聊？

更多时候，这层虚拟关系，薄如脆纸。不需要太多时间心力去建立、去维系——所以一切来得太简单，去得太容易。

-4-

写这篇文章前，我特意问了身边几个朋友。

发现在“如何退群”这件事上，大家有点犯难。原因挺一致——顾忌太多。顾忌邀请加入的朋友面子，顾忌是否被骂不合群装高冷，顾忌暗恋的他（她）会否发来新消息。

大多数人，宁愿把整块时间浪费在与陌生人扯淡上，却不肯在爸妈的家族群里道一声晚安。纠结着，麻木着。我们忘了顾忌自己。问问自己是否不堪其扰，是否需要独处的空间，自省的余地。

其实啊，群聊这件事儿，不必太玻璃心。如果你玩得开心、聊得酣畅，那就鼓足勇气，加个好友，珍惜彼此的默契和投缘。如果你不自愿、不自在、不舒服，又何必顾念一份虚缈的人情，勉强自己瞎耗着。

有的人看不惯，那就屏蔽；有的群不喜欢，那就退出。走之前，记得和群主打个招呼，道一声：“你们玩儿，我们江湖再见。”

毕竟嘛，再好的社交工具，最后的落脚点还是人。比起抛掉几段旧关系，挥别几个假朋友，我更怕的是，微信卸载、微博注销、电话清空之后——再也查无此人。

可恶的“囤积症”，让你越活越累

-1- 该死的，囤积欲

我，正与“囤积欲”殊死搏斗着。

书架上一排书未拆封，横七竖八，砌成小山；列表里一堆公众号，懒得打开，也烦去关；通讯录一串联系人，知己密友，却无二三……

像活出了两个自己：一个太猖狂，成天纯感性获取；一个真懦弱，没法理性舍弃。当囤积的野心日益变大，独属于我的世界，却日渐变小。

唉，看似纯良又无害，实则毁我注意力、乱我寻常心。

这该死的囤积欲！

-2- 收藏者，恋物癖？

不是所有囤积行为，都可称之为“症”。

有人恋物成癖，集齐旧衣、纸笔、瓶瓶和罐罐；有人如渴如痴，汲取知识、信息、热血和视野；还有人，偏爱光亮中睡着，黑暗里醒着，苦守诗情和远方。

以上，是悉心收纳，是妥善安放，是默自内化。他们对待心头好，恍如看待艺术品，给予“拥有物”内在价值。这般行为，心甘而情愿。

而“囤积”呢，则是另一回事。囤积欲过剩之人，往往注意力散碎，间歇性焦虑。既无“割舍”之能力，也无“重构秩序”的魄力。

我身边就有妹子，被她亲妈揶揄为“人造垃圾厂”。这妹子念旧。火柴盒、小便签、已故爷爷的老烟斗、街边顺来的小零嘴、前男友送的大娃娃……她一概不丢，悉数摆在床脚。

这可苦了她亲妈。打扫若不慎，丢了一二杂物，妹子便会原地爆炸，叽叽咕咕好几日。有次我问她：“你妈对你那么好，难道及不上那些小零碎？”

她瞪我一眼：“这叫回忆，回忆懂吗？”

我没懂，但我挺理解她。囤积成瘾的人，太没安全感。他们很容易把身边事件、手头之物，错当作自己和外界沟通、联结的触角。总想着，我拥有的要比所需的多。

对自身价值的模糊，对情感弥补的珍视，让他们的内在储物逻辑，变得矛盾而脆弱。

-3- 越过量，越匮乏

除了堆砌有形的实物，“囤积者”们还擅长收集无形之物，比如信息，比如人脉。

举个例子，你的网盘、收藏夹、备忘录塞满了必读必看必备文，却依然脑袋空空内心茫茫。

时不时地，有内心戏如下：“先存着吧，反正也占不了多少空间。”“等我忙完这阵，就会有时间看了。”“再看看，没准以后就派上用场了呢！”……

反观现实，当你急需资料、急于求解之时，又怎么会退而求其次，在一堆茫茫杂物中大海捞针？所依仗的，定然还是拿枪打靶般“稳、狠、准”的方式。

这么一来，看似合理的囤积借口，全变成拖延症的借口、聊以自慰的幌子。杂物依然成杂物，琐碎依然是琐碎。卧躺于书堆一角、手机一隅的它们，无人搭理，日渐蒙尘。

再如我的后桌哥们儿，列表里塞满了3000多个微信好友。别提什么陌生人搭讪、微商狂骚扰了，光是刷朋友圈，于他都是负担。

上个月，他胃痛住院。险些昏厥之际，扶他的、管他的，除了医生，就是护士。“找小伙伴陪？呵呵，我连找我爸妈都费力好吗？”

虽是玩笑语，这哥们儿却是真心累。朋友是互相的，你对他如何，他待你如何。广义上的社交越频繁，走心的关系就越稀缺。

一两面的泛交、三五次的寒暄，并不会让两人走得多近、爱得多亲。张口闭口“这是我朋友”，有啥用？兴许是错觉呢？

讲真，把“交友”当成“集邮”，我没法忍。就像初识一场，你当我是昨日刚切的牛头肉，今晨拎来市场贩卖，先称斤再按两。

也难怪！对没有多少兴趣的事，谁会集中精力？对不曾真心相待的人，谁又会情感共鸣？再说了，光顾着价值交换，又哪来什么鬼心情，去多频次多方向思考自己真正所需？

此类“囤积式”人脉，就算来头再大、数量再多，也不过是躺在微信里的无效社交。

-4- 少而精？多而泛？

相信吗？

一个人的床角窗边，若生活用品横七竖八，糟成一团。说明他性情粗放，很懒散。

一个人的储物柜里，若衣帽鞋裤数不清，新买却闲置。说明他情绪化，随大流。

一个人的手机、电脑，若信息庞杂，毫无章法。说明他有心改变，却思绪紊乱。

保不准，正是那些“与当下无关”的杂物杂事和杂念，让你无比疲惫。

比起瞎扯“断舍离”云云的空套话，不妨自问：“到底什么是真心喜欢的？哪些是不想要也无必要的？”

与其放眼于有的没的，倒不如先学着克制欲望，降低期待。

反正我信了——“多而泛”，让人遭罪；“少而精”，教人知足。

拜托，请收好你的“假性优越”

-1- 我的傲慢，你的偏见

我身边某些人，大概得了“优越感妄想症”。

有的呢，歧视成瘾。在他嘴里，非名校出身就是不入流的 Lower（失败者）；二三线城市都脏乱差；文青们满嘴假情怀、一身矫情病。

有的呢，好为人师，平日里咸吃萝卜淡操心，就图个“嘴爽”。没多熟呢，就非得把自家之观念，硬塞他人之心脑。

还有的，自称娱乐圈纪委，尤其热衷急赤白脸对骂，手持道德当武器……

如果说啊，“真优越”是每一分实力都不必显山露水，那“假优越”，则每一寸嘚瑟都在伤人骗己。

初二时，我也干过类似的事。那会儿，邻桌是个小男生。他每天抓耳挠腮刷题背书，分数却少得可怜。有次，他攥着稿纸过来，让我教几道题。

不知怎的，题还没讲，我便逞一时嘴快，奚落起他：“你真笨啊！这道题，老师都讲过五六遍啦！”“哎呀，光顾着死读书哪行？你总得动动脑吧。”

还没说完，邻桌扭头走人。当时我挺恼火，跟闺密吐槽他心眼太小，不识抬举。晚上回了家，又忙不迭诉苦老妈：“他算什么啊！明明我帮他，又不是他帮我。凭什么那么没礼貌？”

而今，再谈此事，唯“羞愧”二字。

那时的我，宛如“毒舌女”。说好听点，是性子太耿直，说话不过脑。说难听些，就是贬损人以拔高自己，是憋不住的优越感暗中作祟。

因为自视甚高，我压根就没好好体谅邻桌的感受和需求。相反，我伤人在先，却坚称对方无权、不该、没资格来反驳自己。

这该死的假优越。它让人丢了平等的心态，抛了包容的姿态，让言语的锋芒皆化作心尖的利刃。

-2- 每个人，都需要优越感

在《了不起的盖茨比》里，有条“生存法则”：“当你想要批评他人的时候，你要记住，不是所有人都有你那样的条件。”

诚如此言。人各有异，每个人的禀赋、喜恶和境遇不尽相同。既然标准不一，又何必你鄙视我，我鄙视他，自愿跌入那“比上不足比下有余”的虚假怪圈？

真正的优越感，理应是“自我意义”的馈赠。

前段时间，纪录片《我在故宫修文物》大热。刷这部片时，我就像个傻徒弟，只消搬个小板凳儿，看师傅们慢条斯理工作，听他们唠嗑家常。

修复一座钟表长达8个月；织一整日的龙袍也难添几寸丝；漆工大晚上爬树割漆，从三更至清晨……未想过，他们并非那番老学究腔调，而是多情人言语。

会养鸟种花，也会打杏逗猫，会在刻意炫耀的商人面前淡定一笑，也会望着千年古钟垂眼叹息。这些从事世界上最昂贵工作的匠人们，择一事，终一生，优哉淡然，满足得很。

反观评论区，不少专家们坐不住了。叉着腰、瞪着眼，强行秀优越。先是质疑，说修复师们学历低、待遇差。再是讥嘲，笑工作环境简陋、设备落后。

更有好事者刷屏：“故宫原来是个小作坊。”“这剧本，拿去拍清洁工、修鞋匠也行，都不用重写。”厚颜至此，情何以堪？

人有优越感，是常情。若没了它，也就没了自信的基底、迭代的燃剂和不以物喜不以己悲的满足欲。但这世上，怕没有任何一种“优越感”是与傲慢、虚荣与嫉妒相伴而生的。

更何况，自以为的“优越”，不过是呈倒立之姿的自卑。越是费尽心思卖弄，越会弄巧成拙。

-3- 我缺见识，你缺悲悯

生活中，这样的人太多。

明明要“秀优越”，却非蒙上一层“爱分享”的遮羞布。其实不过是想从对方的困窘中获快感，从一味的鄙夷里找平衡。

你一度想搭讪的女神，是她嘴里的八面玲珑女；你单曲循环的民谣，是他嫌弃多时的过气小曲儿……

“假优越”，它的本质是无知，无知的本质是薄情。

环顾四周，你会发现：月薪五位数的小白领，在餐厅叽里呱啦呵斥店员；走街串巷的大胡子背包客，笑友人眼界小气量窄；求职无门的应届生，怨憤自己还差一个横扫权力场的干爹……众人，皆如是。

因为无知，才会光顾着向外招展，却没时间填补内里的浅陋；因为薄情，才会执迷着斗狠较劲，却没心力宽慰他人的冷暖。

说白了，“假性虚荣”，就是缺见识、缺格局、缺悲悯。破局之法，唯有见自我、见天地、见众生。没准啊，“真正的优越感”，只是优于过去的自己？

Part 3

无欲无求？
也许根本不知道自己想要什么

挺可悲的是，从小到大，你我都被放置在一个“未来式”的语境中。成功标签化背后，不仅蕴含着长辈对小辈的爱怜和寄望，甚至也有闺密、朋友、敌手藏在暗处的灼灼目光。

生活本来就艰涩，放弃世俗的性价比，为着一腔初心、一份热爱去买单，又何尝不是悦纳自己、对抗虚无人生的方式之一？

不要活在别人的期待里，衡量幸福的唯一标准，是成为你自己想要的样子。

抱歉，我不想嫁什么潜力股

-1-

幼时读小说，常听闻此言：“那人虽衣不蔽体，但瞧其神态、观其举止，眉宇间颇有“王霸之气”，他日必成大器。”

成年后返家。每每相聊，外婆都会揽我入怀，语重心长道：“囡囡，你也到谈恋爱的年纪了。但切记，找个门当户对的人。再不济，也要找个潜力股啊。”

“潜力股”，很长一段时间，我都觉得这词儿太悬乎。

空口无凭谈潜力，是指他未来在水里憋气 40 分钟不带换气，还是单手攀皑皑雪山为我采摘雪莲，抑或今天陪他住在铁栏杆糊泥的临建，明天让我享受独栋别墅的豪气？

莫欺少年穷是对的。花季黄金期的姑娘想买现成，亦挑不出错。然而，二十几岁的你我，太容易心怀崇高美妙的幻梦，鄙弃真实平庸的人生。

“如果遇不到我喜欢的，就嫁个有前途的。要是双商能碾压我，倒也凑合。”说白了，很多人嘴里的“有没有潜力”，约等于“会不会赚很多钱”——即30岁后，逛吃逛吃，啥也不干，就当上贵妇人的可能性。

不难猜到，抱着低价买进、坐等升值之心的人，往往会陷入困境：对方潜力迟迟无法发挥，你苦等不耐烦，心生怨念，干脆惨淡收场。

然而你能百分百笃定，他不离不弃，绩优的收益全落你头上？

是啊，你找个条件好、品貌佳的绩优股，大好人生一步到位，不费吹灰之力。然而，这究竟是运筹帷幄，还是懒而不自知？

大多时候，凭着侥幸，获得能力范畴之外的东西，最终会折损更多。更何况，子非伯乐，安得千里马耶？

一个素质平平、双商匮乏的人，无法准确判断另一方是否真正具有潜力。若自身学识、阅历、修养不足，目之所及，莫不是些短视的、虚妄的假象。

-2-

认识一个小姐姐，腿长貌美，学历过硬，一口地道北京方言。入行后，她被海归、高管、富二代环绕，最后却找了个极素朴的小姐夫。

没有婚礼，只有蜜月，两人从市中心的高级公寓，搬去了郊边小矮楼。这对不被看好的恋人，却远比想象的甜蜜。

姐姐说，现在的小日子，挺滋润。养花弄草养鱼，聚会郊游短途行，不那么富足，却很适意。而几年来，能在凌晨4点骑车为她买胃药的人，唯姐夫罢了。

她也说，年轻人嘛，只能判断下限，却极难预估上限。找个合适的男人，别想太多，到哪山唱哪山的歌，会幸福很多。

对或错，我不知道。但我无法否认，再多的谋略、再远的灼见，在命运捉弄下都会显得肤浅可笑。与其用硬性的、标配的指标去看待一个人，远不如用真实的感受去思考、去体验。

后台有个女孩儿，每隔几日便会问我：“男朋友太没上进心，每天得过且过。我和他是不是没有未来啊？如果他考不上研、来不了我的城市，我干吗还和他在一起？”

比起答案，她更需要认同感。她希望我说服她放弃，离开这个不太争气的男人。如此，便可化“主动的退缩”为“坦然的退出”。

但是，任何一段感情都是皇冠生锈的过程。悉心擦拭或摘取丢掷，只看自己。你愿意接受他这一阵子的碌碌无为，陪他成长吗？你能否忍受与眼前这个平庸无比的男人共度余生？

如果你犹豫了，不如把恋爱的节奏放慢些。不能与君共苦，就别与君同甘。

若他手持烂牌还为你努力打好，应该配得上掌声，而不是明里白眼、暗里咒骂的嫌弃心。若他运气不佳相去太远，那最后的告别之前，你尚可吻他挺拔灵魂。

就像姐姐说的，年岁渐长，你会发现其实嫁给谁都差不多。未来，不是稳定的终局，而是绵延的过程。用“如果”来定义“结果”，更像是种眼高手低。

-3-

“嫁一个好男人，你就能过好日子。”

“他看起来没什么潜力，你俩还是算了吧！”

挺可悲的是，无论小时候，还是长大后，你我都被放置在一个“未来式”的语境中。成功标签化背后，不仅蕴含着长辈对小辈的爱怜和寄望，甚至也有闺密、朋友、敌手藏在暗处的灼灼目光。

可现实残酷，前途又不挂在脸上，更别扯什么“相识于穷微时”“抱大腿要趁早”之说了。

与人相处，我更倾向于四个字：“随缘随喜”。世上多的是有缘无分的人，连海誓山盟都会化作囚笼锁链，更何况老天爷随手一挥的红线呢。珍惜已然难得，掌控过于奢侈。

若问我的标准，只有一条：他是否让我开心。此间“开心”，绝非狭义范畴的“哈哈”，而是属于彼此的满足感。

如果我是拜金女，钱让我开心；如果我是小文青，才华让我开心；如果我是好妈妈，家让我开心……如是而已。

由于自身经历和眼光的局限，潜力的定义各有不同。有人欣赏隐忍稳重的、有人欣赏头脑灵活会来事的、有人想找家境优渥生计无忧的。

那么，与其嘴上说找潜力股男友，倒不如先认清没定见的自己。比起“对方能给你好的生活”，更重要的是，“培养自己爱与被爱的能力”。

念兹在兹，念念分明。鄙俗如我，并不期望别人成为什么，我只求自己达到什么。若我有更多的选择权，抽身之时，倒也不致落魄流离。若我真正值得被爱，人走人留，便也不足为惧了。

毕竟，我不想嫁什么潜力股。就算嫁，我也是嫁给你啊。

别扯什么完美主义，你就是受不了打击

-1- 完美是个伪命题

“我这个人，就是太完美主义了。”

这是西图第 5 次求职被拒、第 9 次相亲未果、第 11 次健身打卡计划惨败。她告诉我，她太累了，无法接受失控，无法容忍不完美与失败。

“每次见男神前，我照镜子都有说不出的哀怨。厌食，不敢吃，胖一斤就不自信。”

“我制定过很多很多计划。可一旦不如预期，我就忍不住破罐破摔，彻底放弃。”

“要是某次考试，我想拿第一却分数平平，我会失眠抑郁好几天，大把掉头发……”

西图口中，“完美”是个不折不扣的伪命题。是数不完的危机感、焦虑感和满溢的怒气，是生活中最可怕的禁锢和缺憾。

要么完美，要么放弃，她说，自己就像深陷在“非黑即白”的二元苦海，只许自己以最短距离游向堤岸，稍一遇挫，便会被扑面而来的失望、自责和逃避溺于无边。

西图身上，有很多人的影子，包括我自己。

“我很小就想象，有鞭子在背后追赶。我怕输，也怕出丑。我妈老跟我说，找工作、找对象没区别，要尽力追求最好。”

“我越努力越想成功，却越事与愿违。拖延—自责—再计划—拖延，长那么大了，我好像一事无成。做什么都竹篮打水一场空……”

然而，凡事难圆满，无物可完美。西图不知，众人汲汲之坦途，往往逼仄如暗道。那些伪完美主义者，是混入其间的虚胖儿。

三餐靠空想，拖延作温床。稍不留神，便卡在半空，进退两不得。

-2- 低自尊者的哀歌

翻找《病由心生》时，我曾读过一观点："伪完美主义者通常表面自负，内心自卑。他们很少发掘自己的优点，总是关注缺点。很少肯定自己，也很少肯定身处之世界。"

确乎如此。

我身边，那些真正追求完美的人，大多性情通透，处事灵活。当理想与现实针尖对麦芒，他们很善于以"自我"为标尺，适时调整。

而伪完美主义者呢，往往思维僵化，空谈现状，深受"低自我实现感"之苦。

想写篇酝酿已久的大作，却发觉状态一般般。担心灵感不足，思路不清，不如明天睡醒再写；

想来个别出心裁的演讲，挑好上衣缺下裤。搭配衣服都没完了，更别提什么演讲稿；

想学几节瑜伽课，怎想这个动作难，那个动作歪。去了一两次，然后就没然后了……

在不少伪完美主义者眼里：“内疚—自责—放纵—再放纵”，是无力自控的内耗，是日复一日的循环。他们时不时地鸡血满注，想要重新开始；却又总是破罐破摔，无疾而终。

豆瓣上有个挺有意思的团体，就叫“拖延症小组”。

很奇怪，跟帖里的人，多是朋友眼中的男女神、父母口中的“别人家孩子”。这些所谓的优秀者，无不拖延成顽疾。

有人焦虑过度，失掉高薪工作和男友；有人每小时写张计划表，今日待办清单叠成小山；有人沉迷整容，越欲收手，越想动刀打针再抽脂……

这些号称追求极致却面临烂尾的人，其失败本质，大多不在于“要求太高”，而在于不敢面对内在真实、客观的自己。所谓的“完美”，反而成为低自尊者的哀歌、消极拖延的温床。

他们没搞明白，追求完美本无错。错的是，自己本无实现“完美”的能力和耐心，却暗骂世界不公，时机不佳。一日日自我否定着，沦为“完美的俘虏”。

-3- 别做完美的俘虏

那么，身为不完美的“完美主义者”，该怎么做，能让自己舒服点儿？说说我的看法吧。躺枪十多年，久拖成良医，我有以下心得。

（1）别废话，先“完成”再“完美”

如果你想跑步，别急跑鞋买个三五双，健身房卡买一年。换裤子，拿上表，先跑出家门再说；如果你做 PPT，别愁配色难，排版烦。先把思绪理明，框架写出，内容理个门儿清。

于“万事俱备只欠开始”的伪完美者而言，第一步，也是最难的一步。别多问、多想、多虑，要知道，内耗一旦失衡，等待你的不是 Perfect（完成时），而是 Deadline（最后期限）。

（2）来吧，尝试一次“不要脸”

怕输，怕出丑，是伪完美主义者的通病。胆小也就罢了，偏偏又眼红他人，不甘落后。

我在高中时期挺烦考试。稍不如心意，便自我贬抑，烦得很。到如今才越发明白——事情的“成败与否”，与我“价值高低”，中间没等号。

别扯什么从零开始了，尝试一次“不要脸”、不顾忌。也许你要做的，只是“填充目标”。

（3）有事没事，多夸夸自己

自我厌弃换不来行动力。越否定，越不顺。低实现感如你我，总得学会心疼自己。

遇酒且呵呵，人生能几何。没那么多“必须”和“不可”。与其压抑，不如放肆。忘了说，“生命不是用来控制，而是用来释放的”。

没准啊，不那么完美的你才最可爱。

还那么年轻，不要一味追求性价比

-1-

我认识一位小哥哥，模样周正，学历漂亮，偏偏是个“注孤生”的主儿。

平日里，他撩拨、挑逗、见网友，本着道听途说的套路和技巧，将身边女友换了一茬又一茬。不出两月，新人不见旧人哭，长腿妹子勤补位。

和一众好友聚餐，他趁着酒兴，逢人便叨叨，谈女朋友实在太累啦，要么费心，要么费钱。大伙儿嘘他，喜欢一个人，这不挺开心的事儿吗？

“开心个鬼！两个人在一起吃饭谁出钱呢？两个人吵架了谁先低头呢？她总是烦我我不想搭理呢？”此话一出，我除了白眼，便是语噎。

说真的，身边这类“把爱情当快餐”的家伙，绝对不是少数。也不知从何时起，时刻拿捏吃相、满脑子性价比，成了现代人的通病。

从“我”变成“我们”，花销增长、思虑翻倍、自由受控，遇上对的人也就算了，要是遇上错的人，还要花大把时间吞咽苦果，多不值啊！

于是乎，出于钞票也出于利害，出于360度无死角的考察，他们在爱情中走步漂亮、抽身麻利——一个渴望不劳而获，一个渴望全部占有，算盘全都打在对方身上。

-2-

很长一段时间，我也是个“性价比至上者”。买东西，看“店家好评率”；选专业，按“就业热门度”；谈恋爱，也想找“经济适用男”。

在功利主义的洗脑下，我尚在20岁，便感受到巨大的焦虑感——欲望和贪婪太多，自己却无力支付。

那会儿，刷完了日剧《东京女子图鉴》，真是心有戚戚。女主绫，给富人当过备胎，做过和服店老板的小三，养过小白脸，结婚又离婚。

20年间，她从乡下女孩一路晋升，顺利进入Gucci成为高层。每次的人生抉择里，无一例外，她都选择了“性价比最高”的那个。

偏偏啊，绫这姑娘，从未真正满足过、快乐过。多年来，她一头扎入“现实”的魔障，只想要最优解，却不曾发掘自己究竟要什么，爱什么。所谓的步步高升，更像是另一种随波逐流。

相比之下，我更喜欢绫的妈妈。不管女儿在东京打拼如何，她在电话那头，都会默默补一句：“不要自己一个人在屋里吃泡面哦。”

而绫的最终，是丢盔弃甲，回了乡下，和旧日的男闺密成了家——这也恰恰证明了，他人眼中的“高性价比”，未必会解决自己生命里的终极焦虑。

那些要命的虚荣心、得失心，往往拽得越紧，丢得越多。

-3-

试问一下，生活中的你我，还不是这样？

在这些名为“欲望”的死循环里，幸福感从来不是最重要的东西。说白了，大多数人所要的，不过是一个风险较低、回报率较高的万能答案。

什么专业简单好读学分高？什么工作钱多事少离家近？你我时不时在问，什么是“最能赚的”，却不曾考虑，什么是“最热爱的”。

身边太多这样的人，上学时候，只知埋头死读，长成了一个无趣乏味只会啃书的傻孩子；工作时候，为了所谓时间效率，透支身体、熬夜劳作，差点晕死在出勤途中。

他们在生活中汲汲营营，看似拼命，却偏偏忘了凡事都有边界。超过上限，就别奢望；低于下限，别太强求。

写文章这几个月，我结识了一位萌妹子。最初刷她朋友圈，发现里头都是些包包鞋子奢侈品，心觉她有些虚荣，便不敢深交。

直到后来，因为稿件合作，和她相处渐深，发现这姑娘还挺可爱。她的价值观很直白，“我不需要很多东西，我只要我喜欢的好东西”。

赚钱拼命，花钱尽兴，不过为了心头那点满足感。

-4-

有次我笑她：“你写稿出书也不容易，每次那么快花掉，都不心疼吗？”

她先发来一个黑人问号脸，又甩来一句：“没事儿，反正我认得清自己，付得起代价。”

仔细想想，这并不算错。世间本无我所执之物，只是人心在动而已。太在乎性价比的人，也许很难遇到真正的悸动时刻。

如果赚钱是上班的唯一动力，结婚只是为了繁殖后代，那再活色生香的人生，也会将就成一段段煎熬。

更别说，若用实用至上的功利观看待万物，那么世间大多数事皆无用。

诗词无用，我们从小到大背了那么多李白、杜甫、陶渊明，也没发现自己说话多溜写作多高明啊；失恋无用，我们谈了这么多兜兜转转求而不得的恋爱，也并没有因此变得成熟值得被爱啊。

如萨特老先生所说："人生就是一堆无用的热情。"这世上，大概还有一种愚蠢，叫作只会算计，不会权衡。

生活本来就艰涩。偶尔放弃世俗的性价比，为着一腔初心、一份热爱去买单，又何尝不是悦纳自己、对抗虚无人生的方式之一？

你才 20 岁，自己中意的东西，就不要问别人好不好。

喜欢胜过所有道理，原则抵不过你乐意。

别让你贴的标签，成为打脸的巴掌

-1-

爱给自己贴标签，真是人类圈一大悬案。我隔壁班那哥们儿，逢人就谈营销，谈跨界，谈多重身份，誓要成为“斜杠青年”。

他自诩“拆书高手”，满嘴皆是黑格尔王小波库布里克；他自称“行摄达人”，平日最擅长朋友圈发定位，晒图加滤镜。

本来嘛，标签只是虚拟品。作为大脑的偷懒技能，它的本质在于归类。贴别人，为了简化识别，降低认知成本；贴自己，为了融入群体，增加自我认同。

不知从何时起，它却变了味儿。有人视之为隐形身份证，集邮般越多越好，最好名片都塞不下。他们给自己扣帽子、定角色，生怕漏了几个 Title（头衔）。

有人视之为万能挡箭牌。太过挑剔，都怪处女座的完美主义；白日做梦，那是双鱼座的多愁善感。

太阳底下无新事。蜷足伸脚之间，容易现了原形。真爱还是伪爱，有意或是无心，往往一眼便知。强行贴上的标签，稍有不慎，就会成为打脸的巴掌。

-2-

前段时间，朋友圈时不时就会刷屏此类文章：“每 7 人中就有 1 个抑郁症”“步入中年的‘90 后’，你有初老症吗？”

因为网络赋予某些疾病毫无关联的“附加属性”，总会有人不辨真伪，对号入座。空心病、拖延症、自闭症、低自尊、不安全依恋、社交焦虑、边缘型人格障碍……

每每出现新名词，身边的朋友便纷纷为自己号脉、确诊，兴奋地表示罹患了这些病。一夜之间，就会惊现不少资深患者，各种苦吟哼唧。

好几次，我都很困惑。当一个人为自己贴上似是而非的概念，并视之为自我实现的预言时，这些标签是否会成为行动的枷锁？

当一个人把“抑郁症”当成吹嘘的噱头、嘴边的调侃，除了暴露自身无知，是否会给真正的患者带来莫大的困扰？

若把假象当科普，若把偶然当必然，原本客观、中立的标签，便会沾染主观、偏激的尘霾。

更多时候，贴或被贴，倒还无妨。最致命的，是自我对标签的认同。当你标明自己能什么，不能什么，便极有可能画地为牢，自我印证。

更有甚者，干脆“放弃治疗”，寄生在自己所标签的群体里。就像捡到了金钟罩、铁布衫，狠命往自己身上套。

我有强迫症，所以你弄乱我东西时候我冲你咆哮，你别怪我；我有晚睡早醒病，如果我约你见面又迟到了，你可别当一回事；我得了社交焦虑，所以我说话直接你别见怪，较真你就太小心眼……

比起真切受过创伤的患者，更恶劣的是那些打着生病幌子，心安理得去挥霍、去放纵、去堕落的人。

“你根本不理解我，体会不了我的感受。我是世界上最可怜的人！”

“这些我没法做。得这种病我也没办法，你难道不能多担待吗？”

他们的潜台词，兴许只有一句——我懒得为我的生活负责。

-3-

当然，有些家伙不光自贴标签，还给别人乱贴。

上个月，我闺密被卷入一场骂战。本来嘛，她随手参与某话题讨论，关于将来是否生孩子。刚评论完“难道生育权不该自己做主吗？”就被陌生人秒回：“你可真有本事。”

话不投机半句多。两人你一言，我一语。她讽他直男、无趣、审美差，他呛她嘴毒、人丑、素质低。互撕起来。

听闻这事，我有点吃惊。生不生孩子，不过个人喜好罢了，为什么要给人贴那么丑陋的标签呢？对于一个素未谋面的人，如此简单地对号入座、画线站队，难道不是一件反逻辑的事？

网红脸、白莲花、绿茶婊……一开始，这些标签也许并无恶意。然而，经过网络传播、媒体发酵，它们一再戳中社会的痛点和你我的痒痒肉。

糟心的是，大众面对纤薄思想、皮疹幽默，很容易供奉自己的世界观。

像什么西藏人不洗澡，广东人吃人脑，河南骗子很多，安徽遍地小保姆；像什么学文科数学差，学理科死脑筋，学车的女司机是马路杀手……习惯了标签化认知，难免一竿子打翻一船人。

更何况呢，带有歧视意味的言语说多了，会让歧视的行为成为常态。

电影《驴得水》里，有段情节颇有意味。张一曼出于好意，想让铜匠回家安心陪老婆，断掉对自己的幻想。催他离开时，一曼随口骂了句："在我心中，你就是一个牲口。"

谁曾想，"牲口"二字，激起了铜匠的一系列报复行为。可怜的一曼，因此受尽污蔑、欺侮和围攻。到后来，她几欲崩溃，生死不明。

或许，人心和人性的复杂程度，比你我想象的更甚。心念一动，便是悲喜剧。当你急着下定义、提要求、做判断，不妨先考虑清楚，对方的底线和耐受力。

那些自带戾气、叽叽歪歪、尖酸刻薄的家伙，到哪都讨人嫌。

再说，标签这玩意儿，能被赋予，亦能剥夺。能予信念，亦被限制。每个生命体都是复杂的、流动的、生长的。没有谁的人生，会被符号指称，能被概念定义。

别让贴标签，成为一种酸爽的懒。

室友啊室友，谢谢你们孤立我

-1- 被挤对的日子，不好受

面对与室友难以共处、险遭排挤的窘境，再金刚钻石心的姑娘也会憋屈。

若低声下气求原谅，实在太伤自尊；若白眼对骂摔门走，似乎丢了风度；若满腹牢骚泪涝涝，身边看客没准扣你个“装可怜”的丑帽子。

相处容易同住难。我的学妹七七，如今也成“多余人”。窄小四人间，三人抱团，唯她落单。

按七七所说，姑娘们最初还挺融洽，吃喝腻歪、上课一排。

然而相熟渐久，彼此价值观、脾气秉性、生活癖好等诸多方面都渐生分歧。

半年不到，七七和对床妹子大吵数次。谁料，对床妹子是典型的两面三刀女——心眼小、好吃醋，擅长这边引燃那边熄火。

此女一番摇唇鼓舌，把其余俩室友煽动起来。三人搞了个“冷暴力联盟”。至此，七七彻底沦为了寝室中的不受待见者。除了闷声哭，再无反击力。

被挤对的日子，确实难熬。然而大学之于你我，其意义在于铸人心智，而非困于圈子的琐碎。在七七的困境中，一哭二闹三冷战，最是低效。

如若诚心改善，首先要做的难道不是还原矛盾、推敲因果吗？最起码，得弄清室友所为——到底是“无意忽略”，还是“有意孤立”。

有些关系，若生嫌隙，修补即可；而有些糟心事，早点发生，未必是坏。

-2- 无意型忽略：怨人不如自省

有些忽略，实为“无意”。此类情况，往往发生于沟通匮乏的寝室。几人行，必有敏感多虑者。

像什么怀疑室友偷钱包，到头来是自己记错了放钱包的地儿；埋怨别人翻日记，却不知那本子从架上跌落，压根没人来取看……事实上，生活中有很多刺痛身心的“敌意”，不过是自我假想。

也许室友本无嘲讽意，只是恰好聊到你，随口胡诌几下；也许他们并未冷落你，只是看你负面情绪快爆炸，不敢随意搭话；也许暗里使坏是假象，只是双方揣测有误、互不肯让。

此时，能够有效应对“无意忽略”的撒手锏当属“换位思考”。

试问自己：是否敏感过度想太多，他人难处未体谅，不良习惯惹人厌？如果是，别死撑，赶快面对面，有啥说啥来几次详聊。

室友一场，本是缘分。合得来是幸运，合不来也无须强求。那些总说“他们室友很棒，而我室友很糟”的吐槽者，往往是偏激的。

生活中，哪有人极善，又哪有人极恶。你若习惯挑刺、爱翻旧账，换谁也没法忍受啊！相反，当你扩大心理容量——

不严苛、不讨好，体谅他人也做好自己，有些事，就真不是个事儿。

-3- 有意型排挤：切莫与庸人为伍

气场不合是硬伤。还有些孤立行为是刻意为之，是一场大型欺凌，是不惮以最大恶意揣度他人。

“如果有共同的讨厌对象，我们的小友谊会更亲近。”此时的你，便成为施暴者们鲠在喉头的刺。他们想要的，是你孤立无援，或堕如同类。

受害之人，无非两类：一种好欺负，一种遭忌妒。

说说我好友西图。曾经的她胆小怕事、有求必应，是百分百老好人。对她而言，买饭、整笔记、抄论文都不算什么，只要大家别排挤自己，多做点倒也无妨。

然而，西图越无条件忍让，室友们就越变本加厉——动她箱子、拿她零钱、用完她的化妆品……有次，西图回寝室。当她看到抽屉被扯出翻乱，男友送的零食被抢掠一空，忍不住原地爆炸。

“你们，是不是有病！我一忍再忍，多少次了！”

“以后没我允许，谁还敢乱翻？我告你偷窃啊！”

西图说，从那天起，她没少过东西。相反，因为知晓彼此底线，室友对她反而热络不少。

诚如古语所言，宁与强人为敌，莫与庸人为伍。面对深陷泥淖的施暴者，没必要为迎合而自降底线，更不必为趋近而放慢优秀的脚步。

贱人自有天来收。那些背地使坏、暗中作祟的家伙，总会为自己的恶劣品性付出代价。而你，不是软柿子，更不是工具箱。就算他心里暗埋炸弹，你眼中可见浩瀚星海。

如果，某些人以抱团之姿，一次次伤你于刻意间。其实也恰恰说明，被孤立的你和孤立你的他们，根本不在同一个世界。

-4- 每个人，都是一个小宇宙

电影《被嫌弃的松子的一生》，讲述了女主角无枝可栖息、潦倒死去的故事。

“生而为人，对不起。”松子的悲哀，并非环境多苦、恶人多坏，而在于她一心索爱却期望过甚，不肯放下更不愿原谅。

被孤立的你，心里也住着一个松子。因为过于依赖周围环境的稳定、身边人的接纳认同，你几乎忘了，宿舍里，需要真正相处的不是室友，而是自己的内心。

你该微笑。起码，你知同哀乐同被窝同碗饭的炙热；你知相互尊重才是底线，己所恶且勿施于人；你知性格难改，情绪可控，乱用火力，会轻易炸裂小宇宙。

你该看淡。起码，你知被诬陷、被排挤、被戳痛是六月寒；你知三观不合不必深交，各自奔跑，尚能相惜；你知自己是坐标原点，与其指望他人，不如内修外炼为己撑腰。

不亏待每一份纯粹的热诚，不讨好每一丝刻意的冷漠。内省不疚，夫何忧何惧？

被孤立的你，并不孤独。别忘啦——要对孤立你的人说一声“谢谢”。

别让所谓的用心，成为一场折腾戏

–1–

很长一段时间，我都是个急性子。

要是明天运动会，我保准会今天在操场上瞎跑瞎跳一整日，恨不得这次练足了，明儿就能火力全开，稳拿名次似的。

可事实上呢，狂练一天的后果，往往是我在床上瘫软如泥，不得动弹。就像中了传说中的化骨绵掌，稍动一下，就能听到关节噼啪响。

最用力过猛的时候，大概是埋头于数学的那几年。彼时在家自学，不愿回校。心中铆着股狠劲儿，生怕被那些碎语的人看低。该怎么打脸他们呢？自然是要考第一，拿高分。

火速报班，疯狂刷题，买辅导集……在三角形函数与抛物线的折腾下，恶心了几周又几月。直到某天，我看到数学二字，眼前浮起蒙蒙的雾。

突然脚一晃，人一歪，“哇”地吐了出来。

貌似那日起，我对数学彻底倒了胃口，遂破罐子破摔，干脆与它绝缘。至此之后，也算明白了一个道理：凡事先问“为什么”，再谈“怎么做”。

要是某件事让我咬牙切齿，若刚接触，那可能是跳出舒适区的不适感；但若我撑了许久，等了多时，却依然燃不起一星半点的兴趣和爱，这件事儿我迟早会悻悻放弃，败兴而归。

-2-

前些日子，一直在翻读沈复的《浮生六记》。写到芸娘病逝那段，沈复怕是伤透了心，语云：“固不可彼此相仇，亦不可过于情笃。”

细细想来，此话不是没有道理。生活也好，爱情也罢，那些用力过猛的人哪，就像手握大剪刀的采花人——打着心诚的名义，却会斩断更多的弹性和可能性。

法国大文豪雨果的女儿——阿黛尔，何尝不是如此?

她年轻貌美、不愁吃穿，却偏偏爱上风流军官。为了追求一份虚缈的爱，不惜背井离乡，远涉重洋。拿着从父亲那里骗来的钱，替那负心汉还赌债。

说谎、乞求、召妓、流泪、疯狂……为了那个男人，她甚至从善感任性的贵族小姐，成了流落街头、被狗追赶的“女疯子”。

“为什么我不能生而富有?为什么我不能更有才华和力量?为什么不能让你更爱我?”

只可惜，忘我的他恋，也是强烈的自恋。阿黛尔为爱丧心病狂，并非没有原因。身为名门之后，她从未卸下雨果女儿的枷锁。十年他乡流离，感情路上屡屡受挫，使她迫切需要被肯定、被在意——却因为用力过猛，陷入了自我毁灭的旋涡。

当自卑与自负同在，爱情只是她的发泄点罢了。

-3-

老人们常说，飘风不终朝，骤雨不终日。这世上，怕没有任何一份纯粹之情，需要发疯般咀嚼对方的身体和灵魂，取出自身的肋骨为他做酒。

阿黛尔的结局，是心神错乱，被丢进精神病医院。她虽活到 85 岁，却在 20 岁芳龄时，便只剩下残躯败骸。

以她为范本，我曾无数次反观身边的失败恋情。发现那些“你对我不好，我却偏偏爱你”的故事里，似乎总有那么一个人，非得证明自己应该被爱，值得被爱。

他们看似用心和动情，却掩不住骨子里的盲目与不安。那种急切却又不得力的状态，损毁了心性，也催老了面容。

更不必说爱情之外，还有太多的不顺遂、不满意、不适宜。它们或多或少，败给了四个字——用力过猛。

有些人渴望赚快钱，学这学那考证忙，实则东一榔头西一棒槌；有些人满嘴说真爱，朋友圈里秀晒炫，却不愿打电话或见个面。

当急功近利，成了用力过度的衍生品；当结果导向，成了自欺欺人的鬼把戏。爱情、声名、欲望、荣耀、情义……便沦为了一种空洞廉价的仪式感。

-4-

“为什么我努力了还没有变好？”

“为什么我做那么多他却视而不见？”

时不时地，后台就会收到这类留言，关于付出，关于暗恋，关于熬夜复习却挂了的那门课，关于穷追五年却没戏的心上人。

慢慢地，我也发觉，人天生是有自怜情绪的。很多时候，你我真正计较的，并非心心念念的结果，而是自己貌似努力的姿态。

那些熬过的长夜、心头的焦灼、坏掉的胃口和酸痛的眼睛……都提醒着：必须换回点什么，才不算亏。只是啊，每个人的苦与乐，不过是意愿、能力之间的反转与制衡。

当你弄错了对象，搞混了方向，又凭什么要求心诚所至或是如愿以偿？当你模糊了初衷，失衡了心态，又何必自我内耗，任凭焦虑一口吃掉？

“如果方向错了，停下来就是前进。”真正的有智者，懂得区分什么是通过努力可以改变的东西，什么是需要平心静气接纳之物。

聪明如你，别让所谓的用心，成为一场自导自演的折腾戏。

再见，假想敌

-1-

在不少姑娘眼里，每一个前任，都是假想敌。

偷翻男友的聊天记录、向他哥们儿刺探敌情、丁点小事问东想西。恨不得，灌一杯忘情水，一口噎到他失忆，旧时风月格式化。

若那情敌大众脸、性孱弱，方可长吁口气，暗呼万幸；若自己被秒成渣，远不若人，再看似大度的浅笑，也皆成横了心的锋棱。

朋友大蛮，曾饱受过“假想敌”毒害。

她打小好胜，将邻家妹子视作眼中钉。不凑巧，两人小学同路，大学同校。两年后，大蛮总算弯道超车——她和直系学长恋爱了。

有次，男友哥们儿过生日，叫上了大蛮。一桌人聊挺欢，闲扯着，竟提到邻家妹子。

“你们是老乡吧？还别说啊，那姑娘不错。”几个男人酒一下肚，醉话就多。见大蛮不悦，男友赶忙插嘴：“还，还是我家大蛮水灵。”

“咦，你忘啦？你之前不夸过那姑娘……”

饭没吃完，大蛮夺门而跑。那事之后，大蛮对男友再无好脸色。一味的受害者心理，让她对周遭环境也失了善意，整天就愁三件事：被忽略、被偷汉、被反超。

闺密好心安慰，她骂人家是不怀好意的长舌妇；男友沉默忍让，她攻击力飙升，拳打脚踢一通打；室友评奖，她号哭世界不公平，自己可怜如弱虫……

她恨死了，那“阴魂不散的坏女人”——竟让自己的家世、相貌、气质、谈吐，甚至星座和命理，都楚歌唱尽。

三个月后，学长男友苦熬不过，提出分手。理由是，他受不了大蛮无止境的揣测、猜忌和打骂。

大蛮委屈到炸，逢人便哭，哭自己有多可怜。

“我以前不是这样的！现在这副鬼样子，怎么能怪我？”

“小三最难防，我都尽力了，竟被那贱女人抢了去……”

身为吃瓜群众，我没敢吭声。傻大蛮，你嘴里的“敌人”，是你自己。

-2-

事实上，没有人能伤害你，除非你愿意。

大多时候，你所谓的“假想敌”，你所视之的八面玲珑女、两面刀，不过是被放大的假象，是被歪曲的对手，是你内心世界的真实外化。

正如心理学中常说的“投射效应”，人本自私，会不自觉地将自我之经历、好恶、观念、情绪、欲望等强加于外物。被你莫名厌恶的家伙，往往身上有某特质，或使你渴望，或与你相似。

潜意识保护之下，你不愿自认“心存恶念”，只能速求转移，以此维持“我没有错”的优越感。

所以，我们经常会看到：有些现实中彬彬有礼的好学生，一旦撞上“网络”，便如疯狗乱咬，逮个谁就口水狂喷；有些以心直口快为名的急性子，对身边亲友说刻薄话、做极端事，却坚称是性格使然；有些情场不顺的失意者，总觉得被全世界亏欠了，错都怪别人，自己全程最无辜……

这些人，往往不擅长通过别人的长处来自我提升，只能靠挑别人的软刺来自我平衡。

-3-

再说说三毛。洒脱恣意如她，也有“假想敌”。那个人，是她婆婆。

在《亲爱的婆婆大人》中，三毛提到，荷西赶着圣诞节，带她回家见母亲。三毛自知抢人儿子理亏，便一个劲儿洗脑，“你婆婆一定恨你恨到心坎里。她恨你，她是你的第一号假想敌……”

住婆家的那几日，她生怕被抓小辫子，“所以，我在婆婆面前，绝对也不会去坐在荷西膝盖上，也不去靠他当椅垫，更绝对不可以亲他。这是死罪”。

文末，算是个化“敌”为“亲”的大团圆结局。三毛笑谈：“我终于杀死了我的假想敌。我亲爱的‘维纳斯婆婆’，在号角声里渐渐诞生了。”

然而反观现实。三毛书中对婆家的冷漠自私时有怨言，尤其在荷西死后，她虽叙述得含糊，却能感觉到两家关系很僵。

从“拒绝联考的小子”，脱离制式教育，执意休学；到离家出逃，与荷西在撒哈拉共筑爱巢；再至写给王洛宾的“绝交信”，和里克低调隐秘的十年情……

寻求认同感，是三毛未完成的梦。爱和被爱，她不求深刻，只求简单。在中国式天使父母的映衬下，三毛对自己的“媳妇”身份，显然敏感而犹疑。

无力掌控的亲缘，无能完成的孝道，让她的感情、意志和心性，始终无法正面投射。

或许一个人匮乏“内在的实现感”时，自我存在值就会攀上过山车，忽高忽低。

风初起，便以为是暴雨连天；日近暮，便会大哭黑夜可怖。

一天天，使自个儿深陷于“受害者”的偏执心理，受制于臆想中“对方没给”和“我却想要的”，再难觅出路。

-4-

若你被“假想敌”困扰已久，想来不好受。可有时，不是别人不给机会，许是你自设囚笼。与其暗里较劲、忌恨虐心，倒不如予己三言。

（1）你嘴里的敌人，是你自己

对世界充满恶意的本质，往往是对自己不够友善。你所愤懑的所有，莫不是对自身无能的映射。人生苦短，何必与自己抬扛。

得空了，不如找点乐子，多些热爱，存在感自然会来。

（2）勿以自我之心，揣度他人之腹

每一个人都是本真人书。能否读到有趣之处，只在于你的阅读理解水平。别把什么“主观的责难”，硬拧成“客观的真实”。

信吗，你所谓一时的白眼，不过是他们瞥了你一瞬的脸。

（3）假想敌，是友而非敌

要知，同频才能共振，同质方可相吸。你视他为敌，他何尝不是催你上进、免你惰性的另类益友？没准啊，心里装个敌友，还能防患于未然，助你于低迷，救你于自得。

有些人，看似无益处，却偏是那缘分的馈赠。且大方说——你好哇，我的假想敌！

最讨厌的那个人，不过是另一个自己

-1-

初中时候，特别讨厌班上一个女孩。她成绩很好，长得也漂亮，上过地方电视台，做过晚会主持人。平日里，笑容柔软，谈吐大方。

十几岁的年纪，我跟喜欢的人对视几眼都吓得哆嗦，想象力贫瘠到长不出一株植物。她已学会毫不折扣地大笑，活得驽钝、松弛又性感。

同校两年，我们几乎没有任何交集。身边人也从未放弃过对她的碎语——讨厌她的性格，讨厌她的言谈，讨厌她小小年纪就两面派，讨厌她对待朋友的傲娇嘴脸，讨厌她长了一双惹人反感的丹凤眼。

直至后来，机遇巧合地，我和她分在一个小组，渐也成了朋友。那时才发现，这姑娘啊，很纯很透。没那么多捕风捉影的小花边，也没那些搞七捻三的坏心思。

与她相识久了，我就像一只沉溺于淤泥打滚的小青蛙，忽有一天，瞥见了一汪海。

-2-

如果你反感一个人，错未必在对方。

小时候以为，讨厌是件随心的事。谁不会呢，无非两瓣嘴一撇，鼻子里挤出一个哼；慢慢长大了，才真正明白，并非所有的讨厌，都能站得住脚，都有合理化缘由。

我不喜欢她，可能是因为她像极了某个人，让我想起不愉快的过往；可能是她嘴角下撇，目光斜视，从不正眼打量我；也可能是听多她的八卦，拼凑出惹人厌的初印象。

然而，每个人刚愎自用的程度，都会比自己想象的要深切得多。

《神雕侠侣》里，郭芙最看不顺眼的，便是杨过。她素来自尊心强，恃宠而骄，偏偏杨过这家伙，我行我素，从不给她面子。

或因如此，杨过越是漠视，郭芙越是记挂。因为讨厌，她斩掉杨过的右臂，用毒针误伤小龙女；因为讨厌，她对杨过有情、有愧、有恨、有内疚，太复杂的感情夹杂其间。

“为什么我会莫名地不喜欢这个人？”

“就算对自己没好处，我还是忍不住去怼他？”

事实上，你我眼前所见的世界，是一面镜子。对朋友的厌恶、对他人的批判，往往折射着内心深处的某些东西——你的阴影、你的喜恶、你的创伤、你的弱点。

还有那个，自卑、怯懦、满目眼红却求而不得的，你自己。

-3-

细数身边，从来不缺那样的人。像愤青一般，看什么都不顺眼。他与周围人的互动，也充斥着颇多的诉苦和怨愤。

不欢而散的旧爱、逢场作戏的同事、三观不合的室友……无人能够幸免——似乎整个世界，都一团糟。

豆瓣上就有这样一个小组，名叫“我讨厌 ××”。小组的介绍很奇葩：把你讨厌的生物、事物说出来，我们一起唾弃 Ta。

末了，创建者不嫌事多地添了一句：“为了扩大阴暗面，聚集怨气。”

仔细想来，讨厌一个人，是需要浪费心力的。无论喜欢还是讨厌一个人，你会发现你对这个人比对其他人敏感，你很容易觉察到 Ta 的一举一动，然后根据对方的言行做出反应。

但更多时候，讨厌背后，暗藏着你对他顺境人生的羡慕，也附带着对自己无能的愤怒。

你苦心经营的，是对方不以为然的；你刻骨憎恨的，却是对方习以为常的。喜欢与不喜欢之间，不是死磕，便是欲念。

-4-

曾读过作者梁爽的一篇文，里头写道：“与其用心良苦讨厌她，不如想想，她的哪些性格塑造了她的顺境，哪些短板又伏笔了我的无能。”

现在的我，亦很少情绪化地评断一个人。气到跳脚之时，不妨扪心自问一下：会不会是我把自身的优越感投射到对方身上了？会不会是对方的顺遂激起了我无能的愤怒？

要知道，盲目地反感、排斥和远离，其实是种模糊不清的劣质情绪。而“讨厌一个人”，恰是认清自己的一次契机。

你嘲讽网红脸、鄙视流水货，也许背后的潜台词是：你既没钱，又没决心变美，只能隔着屏幕垂涎，挑挑拣拣。

你不断给别人贴标签，看上去直来直去，爱恨分明。可否想过，这其实是一种自我中心式的以偏概全？

私以为，如果你总在抱怨、厌恶、指责他人，对周遭环境充满不耐，那么，你和自己的相处，一定出了问题。

就如纪伯伦在《沙与沫》所写：“当它鄙夷一张丑恶的嘴脸时，却不知正是自己面具中的一副。”所以，讨厌这件事儿，请在心里过过味，在脑中发发酵。

再说了，没有氧气的地方，厌氧菌就会横行。当你从讨厌模式切换到学习模式，又何尝不是一种给氧和杀菌？

且记得：这个世界，不过只有两个人——你，还有你自己。

人生太孤单，要找有趣的人一起过

某平台曾有一提问霸屏头条：“如何让自己变得有趣？”据说，当时数万网友参与话题讨论，且在第一时间左手点击右手收藏。

想来也是，在我等凡人眼里，“有趣”倒真是一项撩遍天下无敌手的炫酷技能。做人若是有趣些，一地鸡毛中尚能诗意栖居，布衣菜饭也能享乐终生，又何愁找不到朋友，觅不到自我。

然而，生活本无趣，咱如何有趣？毕竟，人家王小波都说了：“人生太孤单，我们要找个有趣的人一起过。”

-1-

有趣的人必然是热爱生活的人。不竭的好奇心和小情趣，是其疲惫生活中的英雄梦想。

读沈复《浮生六记》时，觉得书中女主角陈芸真是自带光环。她是作家的表姐、爱妻、终生女神，连林语堂都忍不住称她为“中国文学史上最可爱的女人”。

话说沈复为啥独爱陈芸甚至为她忤逆双亲，没别的，就因这姑娘实在有趣。陈芸其人，生来便是杏花春雨似的江南美人，纤弱窈窕。偏偏她的性子，又兼备“拔钗沽酒”的豪迈。

书中记载，她某次元宵出游，刚套了身家中男丁的衣服，就拔腿偷溜上街。一随意，就顺手搭到了人家女眷肩上。谁管它什么男女授受不亲，哪及一晌贪欢恣意。

爱玩的陈姑娘同样爱美。她于珠宝不甚爱惜，于破书残画反极珍视；她对人际险恶不屑，对自然四季却无比钟情。

夏夜荷花晚含，她用小纱囊取茶叶少许，置于花心。待到次日便可泡一盏荷露香茗；知道沈复喜欢花草盆栽，她建议拿些昆虫标本点缀其间，前来欣赏的友人无不称好；平日三餐，她热衷用芥卤腐乳下饭，佐以咸香虾卤瓜，就教着丈夫也习惯此饮食习惯……

我想，沈复为她“痴情一往，略无怨尤”倒不夸张。于男人而言，谁不想要个青梅竹马的玩伴、俊俏温婉的贤妻、品月评花的友人呢？

更何况，这三种特性完美融合在了同一个女人身上。

只会做饭生子的妻，再能干，也是略显无趣的。陈芸身上“布衣菜饭，可乐终身”的生活情调，才真正让人神往着迷。

这也难怪了，在沈复眼中，浮生万物皆不如芸娘之美。

-2-

以咱们所熟知的《红楼梦》为例。大观妹子园里开着三朵“奇葩”：林黛玉、史湘云、探春。抛开各人的外貌和迥异的家族地位，这些姑娘背贴同一标签：有性情。

就比如，天上掉下的那位林妹妹是我国出了名的葬花爱好者。当然，她还是个清新派毒舌少女，什么“携蝗大嚼图”之类贫嘴贱舌，对黛玉而言还不都是小 Case（意思）。

相比深宅官府里的那些大家闺秀小家碧玉，这三人有点“非主流”即视感。然而，恰恰因为这种与身份不符的独特心性，与气质不搭的任性恣意，使她们从一水儿小娇羞中脱颖而出。

由此可见，要让自己变得有趣，前提是“你实际的性情”和“别人预期的样子”得有出入！撒一把反叛，浇一勺违和，切一溜风趣，咱自然也能成那趣色可餐佳肴一盘。

-3-

能够被称为有趣的人，都不可能打娘胎里自带幽默。这里必须说说，我的男神汪曾祺。比起“最后一位才子文人”之类的空名号，我倒更觉得他是个超有意思的怪老头。

读汪老的文，会有一种扑鼻而来的新鲜感。谈吃，他说蒙古的拔丝羊尾“外面有一层薄薄的脆壳，咬破了，里面好像什么也没有，一包清水，羊尾油已经化了”。

末了他还不忘补刀一句：“这东西只宜供佛，人不能吃，为何？因为太好吃了！”

描写食物的最高境界莫不如此？不说教，不忽悠，他有童心，有爱憎，单纯想把自己看见的生活和理解的世界，笑嘻嘻“捧”出来送大伙儿。

周作人呢，也算个“读有趣书，做有趣人”的终身贯彻者。他写搜书、集邮、说梦，或关聚餐、喝酒、赏月、看花制笺……旧时文人的清雅闲趣，在他笔下无不立体而活泼。文风如性情，他的散笔，至今都是中国白话美文的不二标准。

总而言之，有趣的人往往知识量很大，涉猎面很广。他们对知识的索取无太多功利性，更多是抱着一种“无用之用”的赤心和初心。

和别人谈话，他们能在不经意间显出眼界、知识面和风趣优雅。天文地理、琴棋书画、跳绳甩胯……你若俗，他比你还接地气；你若冷，他更嘴比刀锋利。

到最后，越丰富的人，越有精彩的故事分享，人的整个气质都会跟着不一样。所以，与其立志成为一个有用的人，咱倒不如努力先做一个有趣的人。

-4-

明朝遗民张岱也是个会吃会玩的主，他有句名言颇值得玩味：“人无癖不可与交，以其无深情也。人无疵不可与交，以其无真气也。”

在识朋择友中，此名言不无教益。一个有趣的人，才不会总想着掩饰真实的自我。若成日伪装上瘾，哪还有什么时间去考虑愉悦自己逗笑大家啊！

一个有趣的人，往往是富有幽默感的智者。他深谙黑色幽默的终极奥义——自嘲。

想起主持人汪涵在一次采访中的超赞表现。当时有人质疑节目收视率下降，涵哥不慌不忙，巧妙回应：“《天天向上》之所以叫‘天天向上’而不是‘天天向前’，是因为向前是发展，而向上则是追求。”

在被逼问“水军攻击”现象时，他还开起了玩笑：“欺负我们湖南卫视没钱是吧？我们不怕被抹黑，永远保持心中的一轮明月。”

可见，自嘲不仅是缓解尴尬的救心丸，还是人际关系的润滑剂。

就拿每天都刷的朋友圈为例。比起那些疯转 N 次的心灵鸡汤明星八卦陈年老梗，大伙宁可看些烧煳的煎蛋，互黑的尿照，看不懂的随手涂鸦……

尺有所短，你有所长。生活本就平淡，但因为有了用心记录，有了积极参与，你的酒，才足以配得上你的好故事。

当然，这世界并没有什么屡试不爽的标准，所谓“有趣”也是相对的。

无论你的口舌绽出了几朵莲花，你的眉眼点燃了几盏明灯，总会有人冷漠回应，嗤之以鼻。保不准，背后还会嘘你一句：“这人真没劲！”

面对这样的家伙，咱怎么变得有趣？没事儿，你只要微笑就好。

毕竟嘛，无趣的人无不相似，有趣的人各有各的有趣。

Part 4

没有无用的社交，只有活错的圈子

这是一个信息爆炸、争分夺秒的速食年代。可不知从何时起，朋友圈成了结识一个人的名片，对话框成了沟通你和我的信笺。就连微信，也摇身变作“一言不合就绝交”的利器。

只可惜，在成人世界里，最多的不是体谅，不是共享，而是权衡。

觅知己、结友朋、谈恋爱……其实很相似。归根结底，是让自己心悦，而非找罪受——如果一段关系给自己的压迫感远大于舒心，磨损感远大于亲密。不如说一句：走好，不送。

聊天没回消息，他却更新了朋友圈

-1-

以前有朋友是做代购的，态度很差。

平时找他，问多了回复慢，还价时干脆不理。隔不了几日，他又会在朋友圈里冒泡，指桑骂槐地说："现在的顾客啊，真是话多、难惹，也不看看买了多少钱的东西。"

当时我挺愤然。明明看清了某些人，却没法轻易翻脸，不能轻易拆穿。再后来呢，这类情况并不少见，渐也成了习惯。

他回复朋友圈评论时，几乎回复了所有人，唯独跳过了我；QQ 上发匿名消息，他亲昵和我聊天，却无视我同一时间的留言；厚着脸皮找他三次，他没理我一次，最后简单回了个“哦”……

是啊，这是一个信息爆炸、争分夺秒的速食年代。可不知从何时起，朋友圈成了结识一个人的名片，对话框成了沟通你和我的信笺。

就连微信，也摇身变作“一言不合就绝交”的利器。只可惜，成人世界里，最多的不是体谅，不是共享，而是权衡。

你我可以互慰冷热、彼此敷药，也可以艳时盈怀、萎时丢弃，这都算不上错。

-2-

前段时间，网上就有这么一篇刷屏热文《不回微信前，请别发朋友圈》。

初看时，大伙儿难免心有戚戚，连拍大腿，哭诉自己曾受冷遇的心酸。可仔细想想，这逻辑，实在是经不起推敲。

“你理她却不理我，这不是差别对待吗？”

“你有新动态，怎么就没空陪我聊天啊？”

事实上，发朋友圈和回微信，一个主动，一个被动，压根不是一回事儿。

他发朋友圈，可能是他此时所需，或因工作要求，又或急需发泄他的情感；他不理睬你，也许是漏看了消息，组织不好语言，或是清空了小红点，事后忘了回复你。

如果在你眼里，对方没有及时回复微信，就表示他轻视、忽略、看不起你，是不是太草率了点？如果你只是因为他偶尔点赞、评论或转发，就认定对方是知己是挚友，又是否太浮于表面？

想来，真正的关心和在乎，是知晓你的狼狈，体谅你的心急；是可秉烛夜谈，也可雨里狂欢。

那些鼓吹着“不回微信前，请别发朋友圈”的人，他们真正在意的，并非对方多么情商低、没修养，而是害怕自己被嫌弃、被漠视。

-3-

我和闺密阿星，就是那种几个月不联络，再见面依然熟络亲切的知己。

我俩都知晓彼此在社交的懒、相处的慢。便也不会苛责对方昨日忘回的信息，上周没听的语音。

记得前段时间，我状态不太好。身体抱恙，琐事缠身，每天怨气藏不住。便只好隔三岔五地，发微信骚扰她，叨叨自己这里烦、那里乱。

然而发了数十条消息，阿星却只字未回。

本以为，她屏蔽了我的信息，懒得收下我这波负能量。未承想，三天之后，阿星给我来了电话，“你做好心理准备，我要跨过半个中国，来看你了！”

当时我鼻子一抽，眼泪都吓了出来。便恼她：“那你干吗不回我啊？都以为你不要我啦。”

闺密在那头扑哧笑了：“你这丫头片子，劝你 100 句不如见面来个大熊抱。”

那会儿想想，还真是。回与不回，发与不发，也许并不能说明什么。微信的存在，既会拉近距离，也会竖起屏障。

当你看不见我的情绪想法，当我触不到你的真实处境，默契和理解，才最重要。

-4-

《解忧杂货店》里，店主老爷爷曾说过："人的心声是绝对不能无视的。我们的声音渴望被听到，无论以什么样的形式。"

说真的，咱们都一样，谁没有感性、极端或胡思乱想的时候，谁不渴望被身边朋友珍视和尊重。

我能理解女孩们被男友冷落的怨气，删他好友的不甘；也经历过鼓足勇气去投稿，石沉大海般的沉默与空白。

然而，相处这件事，其实也就八个字：我自倾杯，君且随意。

若她是你在乎之人，一条微信不如一条短信，一条短信不如一个电话，一个电话不如一次相见；若他是你寻常之友，别总到了求助的时候才去接近他人，别总想着落下便宜还不欠人情。

在指责他人“没教养、情商低”之前，不如想想，你的事情很紧急吗？你的表达足够清晰吗？你是否存在私心，渴望凡事以你为先？

当真心被碾碎、诉求被无视，你要做的，不是盲目抱怨，而是接受一次次艰涩而彻底的自我重构——是哭闹冷战，还是换位思考？是心怀不爽，还是实力说话？ 选择权，在你。

最后，愿每一个“被忽视”的人儿，把心里那些硌人的小石头捡起来，捏碎它。

背后说坏话的人，该不该撕破脸

-1- 你没有办法，讨好所有人

我闺密是个美人儿。

刚认识时，我就发现她自带招黑体质。她化妆，有人笑她老黄瓜刷绿漆；她主持，有人讽她功底太差口齿不清；她评奖，有人说她像极了马屁精。

更可气的，是那些暗中诋毁、匿名留言的人，表面上都不敢伤了和气。故只敢躲在背后窃窃私语，舍不得羊皮又离不开羊群。

当时我挺郁闷，她分明是个蠢萌蠢萌的傻大姐啊。哪有那么多乱七八糟的事。所幸闺密心态超好，每当我恨不得替她大打群架时，她都慢吞吞来一句：“慌什么，谁没在谁的背后，说过谁的坏话啊！”

茶水间八卦，朋友圈吐槽，宿舍里暗骂……被人诋毁、误会、背后插刀，是无法避免的事故。谁都没有办法，讨好每一个人。

按我闺密的逻辑，背后说坏话，还得分情况讨论。首先呢，得分辨清楚“是否真有此事”。如果是自己行为不妥，可以改正；如果是他人误解，可以解释；如果是恶意诋毁，可以反驳。

但更多时候，说坏话是不要理由的。它讲究的根本不是你来我往的逻辑比拼，而是咄咄逼人的驳诘闹事和火力全开的语言扑杀。

其结果只有一个——说人者舒爽，被说者憋屈。

-2- 谁要说你坏话，你就说谁好话

《红楼梦》第六十回，厨娘之女柳五儿被认定为贼。宝玉怕众人难堪，又见风波难平，便自己背了黑锅，替彩云瞒赃。

然虚伪如贾环，不但不领情，竟反咬一口，痛斥宝玉和彩云有一腿。

你说是宝玉情商不够，贾环蠢不自知？都不是。有时候，背地里嚼舌头，纯粹就是种负面情绪的释放。它只需胡搅蛮缠的戾气和臭不要脸的心态。

贾环对宝玉的指责背后，是忌妒心的毒疮，更是气场不合的灼烫。

要是清醒点儿，就该明白，明“骚”易躲，暗“贱”难防。这种纯粹恶意的诋毁，第一是处理起来棘手，第二是没有处理的意义。其成本和收益比例之低，压根不值得在意。

那怎么办呢？再借我闺密一句话：“最聪明的方式，是你跟她争夺话语权和说服力。”

当然啦，这不是比谁嗓门大，比谁后台硬。而是她跟谁说你坏话，你就对谁说她好话。她越恨你入骨，你越让身边人相信，清者自清。

如果你心态够好，那么，拿出你的键盘，撩起你的口舌，不要吝惜你的赞美，去给那些充满负能量的孩子，点个赞。

如果你心态不好，那么，请牢牢记得：那些拒绝你解释、屏蔽你真实的人，压根算不上朋友。早点识破，早点拜拜。

在这人情社会里，最不公平的是说坏话者心安理得，被说坏话者惶惶不安。你要做的是把两种感觉转换，心安留给自己，不安留给他们。

“别人为什么要在背后说你坏话？”

“因为我走在他们前面啊！”

-3- 没有憋屈的生活，只有活错的圈子

曾有女孩儿问我：“室友总是偷偷说我坏话，我好难过。可如果跟她们闹崩了，那我不是没朋友了吗？”

“与其变成那样，我还是自己憋着吧。”

听到这些话，我是心疼的。只是一群同途偶遇、随机分配的人啊，友谊万岁固然好，一拍两散何需遗憾。难不成，你要调整三观、言行去迎合她们，即使你百般委屈百般不愿？

再说了，若是真正的朋友，反而会更加重视分寸、底线、边界感——她知道如何表达接纳、真诚、无条件地支持，知道什么时候陪你吃喝一顿，什么时候为你腾出沙发，什么时候给你一个熊抱。她也会比别人更明了玩笑和伤害的界限。

那些把嘴贱毒舌当幽默细胞、把不知轻重当伶牙俐齿的人，你能指望她多在乎你，多把你当知己？对于这类人，我的处理方法只有一个——渐行渐远。

一辈子那么短，能选择的本来就不多，干吗亏待自己？与其互撕，还不如畅快就相视大笑，狼狈就倚肩流泪，闹掰就各自安好。

更何况，没有憋屈的生活，只有活错的圈子。好的圈子让人心怀感激，哭笑坦荡。坏的圈子让人心头涩苦，嘴上难言。我不想用我为数不多的心力，去支撑一段缺乏尊重和愉悦感的感情。

觅知己、结友朋、谈恋爱……其实很相似。归根结底，是让自己心悦，而非找罪受——如果一段关系给自己的压迫感远大于舒心，磨损感远大于亲密，那还纠结个啥？

不如说一句：走好，不送。

你被拒绝时的样子，暴露了你的情商

-1-

前几天，我收到一封私信，言辞激烈，怨气满溢。

有位哥们儿，用1/2的篇幅描写了自己求爱未果的心绪，又用1/2的篇幅痛斥了某姑娘的无情无义无底线。

询问数次，他才道出原委。原来他主动向姑娘示好，但惨遭婉拒。在他死缠烂打、展开电话攻势的第三天，姑娘手一抖，屏蔽了他。

我愣了愣，问他："你有喜欢她的诉求，她就没有拒绝你的权利？”

没多久，对方甩来一句：“算了，懒得跟你掰扯。”

……

真是好气又好笑。这件奇葩事，让我忍不住想起朋友圈里某位作者。此人素来毒舌，所发内容无非两种：口不对心的赞美和语锋尖锐的怒怼。

“他算老几啊，居然看不上我的文章？”

“要稿子不发的编辑，都给我死全家。”

每每看到他的动态，我都惊诧不已。被退稿，他骂编辑没品味；被读者质疑，他说人家智商低；被大号索稿不发，他说要把此号拉黑。

说真的，我挺能理解，那种小心翼翼提出诉求，却被别人一口回绝的失落感。但若凡事挥舞着小算盘，数个门儿清，也太累了吧。

更不用说，大多数的怀才不遇，不过是一厢情愿的自怨自艾。

一个人被拒绝之时，是恼羞成怒、破口大骂，还是温文尔雅、体谅难处？聊不过三两句，本性便显山露水。

-2-

提起“玻璃心”，《红楼梦》里的林黛玉谓之典型。

初入贾府时，林大小姐步步留神，时时在意，不肯轻易多说一句话，多行一步路，唯恐寄人篱下，被耻笑了去。

宝钗在薛姨妈面前撒娇，黛玉自叹：“分明是气我没娘的人，故意来刺我的眼。”周瑞家的送宫花，转了一大圈才送过来，林大小姐便疑心是别人挑剩下的。

被拒绝，本就是人生常态。这种体验确实不愉快，但也恰恰能够映射出一个人的情商水平和心理自愈力到底如何。

像林妹妹那样的妙人儿，最心烦的不是被拒绝本身，而是认知判断上的情绪化，说白了，是“连自己都看不上自己了”。说她毒舌、刻薄、心眼小，其实是误解，这更像一种自尊的释放、自卑的反抗。

相较之下，晚年的曹雪芹，实在通透得多。他太知道了，名利场里，溜须拍马、欺软怕硬都是常事，谁都拥有家犬般的鼻子，嗅一下就知香臭。

他亲眼见证，起朱楼、宴宾客、楼塌了，也越发明白，人生不过各扫门前雪，各有各的隐晦和皎洁。

说残酷点，这个世界很无情。谁能整日小心翼翼，呵护你的易碎心？和你没有深度联结的人，哪有义务在乎你的感受，珍视你的诉求？

与其怒怼“为什么我会被拒绝？”不如自问：“凭什么他要接受我？”

人性很有趣，能懂就不痛。只要心里有本明白账，恶意也就不成为恶意。

-3-

从小到大，我被拒绝的次数，也不算少。最初很矫情，上课发言，答不出题，嫌弃自己大半日；表白男神，被冷落忽视，恨不得扎心 100 次。

某次主动搭讪，欲跟新同桌做朋友。她撇过头来，瞟了我眼：“不必了。”这几个字像是高度浓缩剂，从围观的目光中飘忽出来。空气太凛冽，阳光太稀薄，我恨不得倒在桌上，倒在比地面更低的地方。

那天下午，我哭哑了嗓，哭红了眼，像只笨拙的小鸭子游回了家。妈妈听完这事，先是瞪眼，又是大笑："你傻了吧，这难道不是好事吗？"

此话一出，我气得胃疼，愣是三天没理我妈。

直到现在，经历过投稿无门、求职未果、朋友寥寥的境遇，日渐长出钻石心，我才明白妈妈的本意。

年少的我太自卑了。就像行走在冰面，外界稍微风吹草动，都可能会堕入湖底。"是不是我做得不够好？是不是自己的能力不行？是不是我配不上他喜欢？"

那些日子里，我一度做着因噎废食的傻事：怕嘲笑，选择沉默，错过了自信；怕背叛，选择孤僻，错过了知己；怕丢脸，选择退缩，错过了垂青。

更糟糕的，是我把敏感当妖怪，把逃避当灵药——在被别人拒绝之前，先否定了自己。

-4-

在最低谷期的时候，我花了 15.5 元，买了薯片和雪碧，花了 117 分钟，刷完一部丧片《百元之恋》。

女主叫一子，长相敷衍，名字也敷衍。她一出场，满屏都是泡面、香烟、睡衣，还有惺忪憔悴的目光。32 年来，她被生活拒绝，被身边人背叛。男友劈腿、店长找碴、俱乐部教练一次次给她浇冷水……

也许是受够这样的生活，一子决定还手，她走进拳击俱乐部的大门。“虽是烂泥，可我不滋扰别人，不摇尾乞怜，不沮丧欺骗。如果我躺下，只是因为我有点累。”

在日渐凌厉的拳风里，她像开了窍的生猛小兽，似乎有什么东西，从她的身体里挣脱而出。当然，此片不狗血，结局很现实：一子没赢，生活又拒绝了她。

她被大满贯选手打得嘴歪眼斜、满地找牙，彻底输掉了比赛。好丑，但她丑得竭尽全力，丑得飒爽饱满。

至少，一子再也不会因为逃避，因为怕，而去否定自己的可能性，龟缩在一个保护壳里，怨天尤人；至少，一子在被拒绝之后，改掉了满脑子“我不配”或是“他眼瞎”的坏毛病，向更广袤的世界抛出了橄榄枝。

这就是生活啊。你总要学着习惯被拒绝，学会和各样的人挥拳、搏斗、打脸与被打脸。

如果能用力踢出个漂亮的回旋踢，就算踢空——也足够帅了。

你怎样吃饭，就会怎样谈恋爱

-1- 关于赏味期限

我喜欢过的男孩，好像都跟“吃”有关。

初中时，同桌是个瘦猴儿。我俩凳子中间，搁着小纸箱，零食从未断过。像什么炒瓜子、小腊肠、捏碎的方便面，还有只剩半瓶的果子露。

从上自习课，我俩边吃边写作业。手在疾书，嘴也不知疲倦。要是吃没了，就顺手往对方的薯片袋里掏掏碎屑。

有一次，他咀嚼声太响了，咔啦咔啦，像小仓鼠磨牙。我心一恼，一脚朝他踹去。也就那天，纸箱头次见了底。

再后来，他被调了位子。小纸箱的空和满，一如我俩关系的好或坏。远远隔着三排，再也没人陪我偷吃零食，哧哧地笑。

高中时，我遇上一个傻小子。他会拿盛满热水的大脸盆温牛奶，会花两三小时剥一袋石榴粒，会把好吃的或难吃的第一口留给我。

吊诡的是，我爱吃的他都皱眉，他喜欢的我都撇嘴。我俩就像红油白汤的鸳鸯锅，一边热火朝天，一边寡淡凉薄。

毕业后，他跑去读了军校。两人三餐一狗的憧憬，渐也幻灭。分别几年，我才后知后觉，一个人对食物的喜恶，原来会随身边之人改变。

从前我只喜酸甜，不食咸辣。相处久了，却如他一般，喜欢吃面时泼上半勺辣椒油，和着葱姜蒜拌一拌。

只可惜，年少时的心动，终究无法保鲜——它有最佳赏味期限。对于我来说，彼此分享的食物，不仅意味着饱足、享受，还连接着旧日的记忆、情感和习惯，难追难回味。

-2- 关于我喜欢你

前几天，和妈妈看了《喜欢你》。片子挺有意思。毒舌王老五，邋遢小厨娘，两人门不当户不对，却因“吃饭”这件小事走到一块。

点餐佐餐的斗法，误食河豚的幻想，隔门飙戏的告白，无不印证了电影的英文名——This is not What I expected。

用“吃”来形容喜欢，实在是件妙事。女巫汤意面、抹茶羊排、墨鱼汁白煮蛋。正因你懂我的口味，我懂你的用心，我们才能一期一会，以菜相通。

这世上，有人贪恋金丝南瓜的大胸脯，有人独爱韭菜细苗的小身段。能吃到一块儿，是你我的接头暗号。

上个月，我读了半本《小情书》。民国佳侣们的书信往来，或缱绻，或腻歪。真正撩人心瓣的，倒也是些“以吃为名”的诉白。

朱湘写给琦君：“你寄的鱼肉路上怕会坏了，不值得。

不过夏天罗先生来，我可以托他在泰丰买些带来。如上海没有，你就寄三四个菌子罐头托他带给我……"

萧红予萧军："你的饮食我想还是照旧的。饼干买了没有？多吃点水果。"

"我在东安市场吃饭，每顿不到两毛，味极佳。羊肉一毛钱，再加两个花卷，或来个炒素菜，一共才两角。可惜我对着这样的好饭菜，没能喝上一盅，抱歉。"

上言加餐饭，下言长相忆。若见不着面，我便忧心，念你是否一切顺遂，会否清减了小腰围。三两痴心，四钱欢愉，五盏爱意。那些有关食物的言语，细琐而淡淡。

《喜欢你》的前半部分，男主也说："吃饭是一件很私密的事。"可认识了你，我才知道两人对坐很温暖。那些欲说还休的被动，是我恋爱中的小心思，是我想和你分享的三餐四季。

"窗外水管在开花，椅子在异乡。树叶有翅膀。你靠在车窗，我心脏一旁。"美食和爱情，一个走胃，一个走心。好不好吃，快不快乐，感性总跑到理性前头。

那些合你胃口也合我心意的缘分，许是一期一会，世当珍惜。

-3- 关于一起吃饭

曾听人说："世界上不存在爱，只存在爱的证据。"

很长一段时间，我都羡慕外婆外公。前几十年，外婆是十指不沾阳春水的闺秀，后半辈子却长裙当垆笑，洗手做羹汤。被爱囿于厨房。

家中若有聚餐。外婆做肉馅，外公就擀蛋卷皮；外婆刀功差，外公就切片成丝；外婆去淘米，外公就搬来板凳剥毛豆。

锅碗瓢盆，炒爆焖焗。彼此默契的吃喝，是烟火味的情诗，脉脉在有生之年。

不能否认，一个人看待三餐的姿态，兴许是他对待你的方式。有些人，像饿了许久的乞儿，虚空的心，干瘪的胃。他在爱情里饱受身体本能支配，被欲望搅乱心智，只顾扑咬着解饿。

有些人，把吃饭当行军打仗。买这个说太贵，挑那个嫌费时。他说肚子饿了填饱就好，花太多心思是糟蹋时间。

吃是本能，食是情趣。当你提前许久备好一桌佳肴，对方却怏怏来了一句：“节食减肥呢，我不想吃。”当你为他盛汤端饭忙前忙后，对方却只顾自己闷头夹菜，一个嗝比一个嗝响，还真是扫兴。

饮食男女，人之大欲，不想也难。志趣相投的恋人，一起分享食物，一起慰藉孤独；不同频的双方，各自杯羹里摄食，各自心事暗藏。

如若彼此喜欢，那就放下手机，合上电脑，约个饭吧。没准，就能一直一直吃下去。

吃到瓜滚肚圆，地老天荒。

认识的人越多，我就越喜欢狗

-1- 所谓生离，只是换种方式存在

《一条狗的使命》这部影片，是一封写给狗狗的情书。

暖心而不虐心，温情却不煽情。比起肾上腺飙升的美式科幻、动辄酸掉牙的国产剧，我倒宁可被这般催泪弹命中。

记得片尾曲毕，影院全场，像在比赛擤鼻涕。好久好久，没这么感动过了。

如果你与我相似，在年少时拥有人生第一只狗，和它的回忆脉脉了若干年。当它日渐老去，你却无力挽留。这场人狗情未了，注定是正中心窝的。

“对我而言，这个小男孩是一切起源。他的名字是 Ethan，而我的名字是 Bailey Bailey Bailey 。”虽同出于霍尔斯道姆之手，导演却弃用了《忠犬八公》的苦情配方。

他选择，以 Bailey 这一纯狗狗视角，讲述它四次轮回、数次重生，并回到最初主人身边的故事。

第一世，它是陪伴伊森从男孩至男人的大金毛。偶尔呢，化身橄榄球童和撩妹神器。除了主人，它最爱主人的女朋友，还有外婆家的驴、窝棚里的鸡。

第二世，Bailey 投胎为“警花”艾莉。化身德国黑贝后，它战斗力满级，缉毒、除暴、抓囚犯……在一次逮捕活动中，它为救警察爹地，中弹而亡。

第三世，它成了专业牵线的小红娘，一只短腿萌柯基。它什么都懂，懂玛雅想吃薯片、比萨、冰淇淋，懂主人的社交恐惧和被爱渴求。它见证了玛雅从小女孩变成母亲和妻子。

第四世，Bailey 被俩嬉皮士收养，关押数年，吃不饱睡不暖。后来，它被丢弃轨道旁，阴差阳错地，循着前世熟悉的气味，与满头银发的伊森重逢。

就如小八挣脱樊笼，跃入人群，恰好遇见了准时下班的诺克教授。Bailey 的出现之于伊森，亦是此生无憾的相伴。“无论是你找到它，还是它找到你。谁知道呢？都是命中注定。”

日语里，有“羁绊”一词，是指缠住不能脱身的束缚。那人与狗之间的关系，更类似于“绊”——无法切断、无法割舍的爱。

我陪你，不是基因的安排，而是自由的选择。

-2- 因为你，它才有了它的使命

这部片，是“小灯泡”陪我一块儿看的。

她也算我半个“命中注定”。至今我都迷糊，偶过车站，怎会碰上一只瑟瑟发抖的走失犬？更何况那么巧，这个小身板钻入我的怀。

在没选择丢下她的那瞬，我想我和她，分不开了。

枯瘦、跛腿、脏兮兮……“灯泡”初来我家，像只小病狗。妈妈挺纠结，她打量“灯泡”半天，忍不住蹙眉，“这狗没啥问题吧？”“小灯泡”听罢，第一次，也是唯一一次，两步冲上前，瞪着我妈，“汪”的一声吼。

好吧，没毛病。至此，我失散在外的小亲人，不必再流浪。

“小灯泡”双商极高。她喜欢我用豆瓣撸狗大法，给她做全套泰式按摩；她最怕剃毛后、洗澡前，有人在她旁边悄声议论。

当她犯了错，被训斥，会趴在地上瞅我神色、猜我语气。待我缓和，她便蹦跶过来，发嗲求抱抱。很快，她也成了我的“眼泪终端机”。

记得那天下午，我抱着电脑刷剧。煽情处眼泪哗哗。那会儿，“灯泡”正窝在墙角偷啃小鸡腿。听见抽泣声，她一路小跑，蜘蛛侠般飞上了我的腿。

“你干吗？你干吗啊？”小家伙突然踮脚，伸着小舌头，直想舔吻我的脸。见我吓得不敢哭，她这才慢悠悠地跳了下去，自顾自去寻那只还剩 2/3 的小鸡腿了。

相识五年。无论唇角向上，还是嘴角下撇，她都明了。她从不缺我最暖心的反应。

A dog’s purpose？事实上，狗生太短，并没空去想那些假大空的玩意。当你决定带一只宠物回家，它成了你生活的一部分。

你就是它生命的全部意义。

-3- 认识的人越多，我越喜欢狗

有时想想，我们因狗狗陪伴而触泪。所难过的，又何尝不是人与狗常有不死不灭的羁绊，而人和人之间难有。

当伊森被小人暗算，瘸了腿，退了学，推开心爱的女孩。身边不变的，是 Bailey 的等待。它叼着橄榄球飞身而起，只想逗主人一笑；它流浪、受伤、老去，满脑子想的都是伊森在等它回家。

人与人，是因知你会来，我愿等；狗与人，是明知你已去，我依然等。

最戳心的画面，是伊森驱车远去，Bailey 跳入茫茫的麦草垛，迎风狂追。它玩命般跑了几里路，只为往伊森怀里一扑。

这是简单醇厚的成人童话。一方予以收留，一方报以长伴。一方予以疼爱，一方报以忠贞。一方给了难追难回味的回忆，一方则用一生的苦盼作为回报。

如此纯粹的对等关系。只因 Bailey 是狗，伊森是它主人。

Bailey 的世界，以伊森为天。

或许，Bailey 之于伊森，“灯泡”之于我，千千万万的狗狗之于它们的铲屎官们——都像极了，杀手里昂与怀里那盆草，伤痕与伤痕之上的毛绒绷带，失眠的双眼与床头的催眠乐。

即使生命长度不对等，所带来的是短暂的依存和长久的缺憾，可狗狗仍会选择，终其一生，等一个不会回来的人，追一个不会转头的身影。

这并非它们的使命。而是心念。

而今，我的“灯泡”，不似过去，衰老很快。若是换算成人，也有七八十了。在它渐聋的耳边，我总想喃喃：“灯泡儿，妈妈若没了你，也不知是否还敢养狗。”

若不敢，我尚存的记忆，一直歇着鲜活的你；若还能，将来我养的所有狗，都以你为名。

那些恋家的人，到底在“恋”什么

-1-

有一种开学综合征，大概叫“恋家”。

走前半月，我赖在家里如磐石，能不出就不出门；走前三天，我喝着外婆熬的汤，嘴边涩涩……离家前两日，返校后一周，似成了最难熬的日子。

我舍不得，我不想走。我一直在想：恋家的人，到底“恋”什么？

刚读小学，独怕返校。车一来我便溜烟逃开，尽往墙角或桌底钻。每每又被妈妈一把拎起，丢入厢中。

高中时，我对校车的惧，一如离家的惶忧。我的眼睛老是被泪模糊。周遭似黑黑的，只余我一人，和车轮空转。

初入大学，我没半点长进，依然尿。回校前两日，三点半就自然醒——恋家成瘾，是我害怕独立，害怕未知，害怕抓不住时间而父母渐老去。

-2-

前几日刷了日剧《东京塔》。初看即泪目。

片中的主人公雅也，算是典型的“恋家男”。他在童年时过分依赖母亲，长大后却因母亲无微不至的关照，深感厌烦和羞耻。

失业、穷困、欠债、居无定所，他花了15年，依然活得像孩子。伸手要钱的时候、和烂桃花纠缠不清的时候、捧着简历吃尽闭门羹的时候……他忍不住了，打给母亲。

“为什么不再努力一些呢？不努力一些？”母亲在那头反复地问，低低地叹。她眼中的儿子曾那么优秀。她的小店墙上，还悬着儿子的毕业证。

或许每个妈妈都是相似的。骂归骂，怨归怨，却依然会选择宽恕和体谅。

就如 15 年前，雅也离家的那年春天，妈妈为他送行，备了小布包。里头装着新内衣和喷香的便当盒。夹层藏了一封薄信、字不多，信旁是一万日元的纸币。

我也经历过。比起流泪或沉默，妈妈更担心的，总归是我能否独立生活，能否适应他乡。

她留着我小学至今的奖状，悉心擦拭。她养我的绿植，喂我半路夭折的兔子。她眯眼读完我每一篇长文，听我发的零碎语音，逐条收藏。

似乎我安全感的本源，从不在于强大。相反，它只在于对“自我不完美”的接纳。

而在家里，我不必像巴普洛夫的狗，做得好才能得到认可；做不好，便失去关爱。父母无条件的宽恕、认可和爱，亦让我不必隐藏自卑、回避忌妒、假装自尊。

我只需做自己。

-3-

有时候，恋家也成“懦弱”的托词。假期之初，定的目标太着急，太贪心。来不及好好消化，就已成炮灰。

说好要健身学习两不误，说好垃圾食品不进肚，也都成了说说而已。刚熬的鸡汤，还来不及喝。就这样，我更不愿离家。

未穿好战衣便要上沙场，未配妥剑出门已是江湖。想想真心累。一旦开学，就意味着我无法再走回头路，无处再有庇佑所。中途萌生退意，也只能硬着头皮讪讪笑。

恐惧开学，不全是怕与家人分别，而是不想在充满同龄人竞争的环境下生活。潮湿背阴的宿舍、鸡毛蒜皮的冷战、发了霉的誓言和爱情……怎及在家时，我自由却无压力。

然而离家后，父母的近况与我不再同频。我们仨，匆匆塞入五湖四海，相见只余文字和音影几缕。如芥川龙之介所说：“亲子关系一旦确定，便也拉开了人生悲喜剧的序幕。”

少年去游荡，中年想掘藏，老年做和尚。年尚小，谁不曾想有多远走多远，山高路长且尽兴。自小延续的对家的记忆，慢慢将你我推往外面的世界。

记得很长一段时间，我跟妈妈沟通受阻。她是针尖我是麦芒，话不投机半句多。我故意逆她心意，扯着嗓子还嘴，生活里的不如意，尽数发泄于至亲。妈妈也不让步，冷眼看我，家中杂事全罢工。直到我饿了几天肚子，连连赔不是，她才肯作罢。

好几次离家前，我告诉她我要去远行，再也不被约束不被管教，越远越好；离家后，我却日夜思念，掰着指头算返程的日子，越快越好。

我恋的，终不是家乡，而是家人的所在。走之前，真希望她再多骂我几句。兴许骂烦了，我就能大步迈不回头，嘻嘻一笑别爹娘。就不必这般玻璃心，哭到眼肿鼻尖红。

于我来说，恋家，从不是什么没出息的事。不是身心未长大、责任难承担，而是世间再大，心头有一隅，是退路、是笃定、是前行漫漫待归期。

我只知，进城的公交一辆就足够，回家的路两条都嫌多。想家的孩子，愿常回去。

爸妈，咱们好好说话吧

-1- 我不怨别人，最怨的是爸妈

我和小周见面那天，她正喝着失恋的大酒。像只猩红的兔子，醉醺醺眼红红。本以为小周会念叨一段渣男怨女的心酸史，怎知道她开口就是："我讨厌我爸妈，非常讨厌。"

故事并不复杂。上个月初，小周把交往了几年的男友带进门，却遭到家中人强烈反对。用她妈妈的话来说，男生相貌一般，家境平平，更别谈什么经济承担能力了。

偏偏小周从小在蜜罐里长大，和家里闹分裂，算是破天荒。如此一来，她妈更是生气，向来听话的乖孩子，怎能被一个浑球小子带跑？

身为母亲，难免担心女儿每天只吃水煮挂面配咸菜，担心她为下个月房租熬白了头，更担心她过上一眼望到尽头的生活。

当叛逆的姑娘撞上更年期的妈，一个步步紧逼，一个捂耳不听，歇斯底里的意气话讲了一宿又一宿。

到后来，妈妈彻底怒了，当场下死命令，让她速速分手。小周央求无果，只好点点头，假装妥协。几周过去，男孩没来找她。听朋友说，男孩换了工作，抱了新欢，搬了新家。

“要不是我爸妈，我和他可能走到那一步吗？看我现在这鬼样子，能怪谁？”小周说，她不怨别人，最怨的是爸妈。

-2- 别把宣泄情绪，当成解决问题

听小周说完，我一时语噎。身为局外人，我无意评断这段爱情谁对谁错。只是她这段家长里短背后，似乎隐匿着一个避之不及的问题：父母和子女，到底该如何沟通？

两代人，是两个世界。假若二老思想开明，孩子的生活倒也轻松无碍；但若他们封闭狭隘，则免不了苦雨凄风。

要是掰着指头数数，父母最操心的问题也就三个：婚恋、

工作、生活方式。

感情上，他们认为越早成家越好，最合适的莫过于门当户对；工作上，少玩花头，要挑就挑“稳定、可靠、有面子”的。

像什么吃穿住行、生活习惯、专业选择，更是不消说了，总少不了爸妈那台主场戏。

“我都是为了你好，你是不是想气死我啊？”

“你如果非要这样，就是身在福中不知福。”

“等过几年以后吃了亏，你别来跟我哭！”

印象里，我和家人的每次争吵，都不是为了解决问题，而是为了宣泄情绪。

但影响沟通的，往往是沟通本身。站在对立面的两人，很少会去思考，彼此沟通的语言方式、姿态对吗？选择的时机、场景合适吗？

毕竟，人与人之间的关系，可以互有博弈，却不能一味倾斜。

那些无意义的“论战”，赢了不忍心，输了闹心。当双方选择暴力沟通方式，以争吵、冷战、谩骂来相互对抗时，就只剩一个结局——爸妈痛斥孩子幼稚、盲目、不知天高地厚；孩子反感爸妈死板、功利、管得太宽。

-3- 在家蹭吃蹭住，就活该不自由

见过我和我妈的人都说，我俩似闺密，如知己。

其实不然，很长一段时间，我和她的关系进入了滞缓期。就像一辆被突然截停的火车，鸣声低呜，铁轨微震，却不知道确切问题在哪儿。

好几次，我俩说着说着就吵了起来。她骂我没良心，我怼她太任性。她捂脸呜咽，我心跟着颤疼。我何尝不知，妈妈就是傲娇，玻璃心，端着面儿。

这个日渐老去的妇人，她只是想被需要、被关注、多点存在感。而我呢，俨然是个自私冷漠的“白眼狼”。

有挂在嘴边的野心，却没有与之对应的冲劲儿；想独自背包旅游，却毫无自理能力； 既留恋家的温暖，又鄙夷它的粗陋。

说真的，我把生活过得一团糟，又怎么指望妈妈理解我、尊重我、别管我？我享受了同吃同住蹭便利的好处，又哪有资

格嫌弃她对我话太多？

再后来，我算是悟了：不要试图给爸妈强行洗脑，谁会轻易接受颠覆的三观呢？更重要的是行动力。

想出门旅行，就自己写稿挣钱，赚够路费。妈妈若不肯，便打印厚厚的出行计划。像什么订好的酒店、一起去的玩伴、安排好的路线……她担心什么，就作答什么。

想放弃考研，就多和她聊聊，眼前的安排打算，每天做了哪些事，读了哪些书。她不在身边的日子，也能看到女儿快速成长，学做自己喜欢的事儿。

说白了，最好的沟通术，莫过于以自己的“独立”和“能力”为底气，和爸妈谈心说事。而不是一身戾气，相看两厌——回想那些被虚耗的日子，只有恨和悔。

-4- 倾诉不如倾听，遮掩不如分享

翻看《白鹿原》的时候，有一瞬我是泪目的。

那会儿，白灵执意要去城里读书，磕完头就走了。在校门口，她恨不得立马冲进学校，白嘉轩喊住了她，转身在马车的篓子里掏了掏。

是一袋子银圆。他递给白灵，嘱咐道：“别饿着自己。”

想起大学这几年，我妈记性没以前好了，有条短信，她每学期会发我一遍：“妈不指望你常回家，只希望你能离我近点，让我老了能去看看你。”

也是慢慢地，我开始享受我妈的唠叨，听她碎烦两三个小时，关于她的过去，从疯丫头到大姑娘，从谈恋爱，到我出生，考职称，再到近些年的甜酸。

平时呢，多肯定她，夸她做菜辛苦了，家里的饭最好吃。她喊我的时候，稍板着脸，听到就要吱声。其实啊，爸妈没有想象中那么古板，那么不通情理，他们也年轻过。

你可以试着和父母做朋友，开玩笑、瞎唠嗑、扯扯身边趣事儿；也可以分享自己的兴趣点，让他们多点年轻心态。像平时，我会教妈妈做表情包，推荐她热播剧，陪她去瑜伽课，带她山野听风、星夜踏浪。

虽然我还没有强大到洞穿我妈的内心，但时间让我越来越学会，多一份接纳和体谅。

孩子长大了，变得太快，但她还是旧时光里那个呆萌、偶尔脱线的、被我落在身后的妈妈，能不能不要跑那么快，等等她？

想想自己前 20 年有多少“无知”，就能理解，爸妈后 20 年有多少“愚昧”。但别忘了，他们对你的爱，借走的是糖，还回的是心。且行且珍惜啊。

Part 5

仅有一次的人生，就要酣畅淋漓地活

这年头，社交过剩、信息满载、欲望太多，谁没点焦虑心？事实呢，浮躁的表象何其多，内因仅有一个——懒。

那些成天说着“再等等”的人，往往不是为了暗中蓄势，而是在变相拖延。

他们这边嘴炮满天飞，那边执行力为零；这边眼红别人酸唧唧，那边放任自我笑嘻嘻。凭着一腔“明天会更好”的假鸡血，睁只眼闭只眼，反而虚耗了眼前日子。

仅有一次的人生，别得过且过，如果可以，还是要酣畅淋漓地活。

浮躁只是阵痛，懒惰才是死穴

-1-

印象中的不浮躁，只在六岁前。

那时我很小，还未开窍。太公年迈，无了棱角。大槐树、山溪水、他陪我乘船摘藕，这头荡到那头。八月半、灯光黄、我陪他翻书看报，蒲扇摇啊摇。

直至很久以后，在某节语文课上，偶然读到了“浴乎沂，风乎舞雩，咏而归”。那些句子，使我忆起旧时样子：河里有鱼，一眼见底；而我拥着风，就很开心。

这些年，我似乎失去了一种能力，它叫作“专注”。

我成天玩微博、刷微信、答知乎，害怕落于人后。左手搜干货，右手点收藏；我买字帖、买画笔、买单反，热度只有三分钟。什么都想试，什么都没耐性。

有时候，我听说他年少多金，便幻想自己白手起家，男神在侧；目睹她写文出书，只好鼻孔出闷气，假装一点不在意。

房和车供、车和燃油、面包和爱。我就像一条斗败的犬，没落地走在和别人一般无二的路上。

可笑的是，我身在浅滩，却目视深海。每次啊，还没有做就担心结果好坏，还没有面对就百般逃避，还没咬牙就找借口放弃。

风是乱的，浪是浊的，人心是浮的。

-2-

前几日和小学妹闲聊。她向我抱怨，一到期末，跟室友关系就僵。

她瞅着室友复习进度略快，心里便会失衡："我是不是方法有问题，是不是效率太低，是不是她有我没买的参考集？"

遂计划泡汤，复习也搁浅。

这姑娘我是了解的。平日里，也就三天打鱼两天晒网的主儿，今天穷游，明天手绘，后天瑜伽，朋友圈刷屏几日，便再无新讯。

她也问过做公众号的事。然而听了几节写作课，报了几个训练营，她就说不玩了不玩了。理由是市场太乱，读者品味差。至于那些鸡汤，毒鸡汤嘛，她才不屑写。

交谈数次，我没敢直言。姑娘，怪室友、怪市场都没用，分明是你自个儿对现状不满，又懒于行动。一旦有了内耗，就只好堂而皇之地麻痹自己："唉，怪我太浮躁。"

很长一段时间，我也如她一般，习惯于自我宽慰。这年头，社交过剩，信息满载，欲望太多，谁没点焦虑心？就像在做阅读理解，只消把答案归咎于"吃人的社会"。如此，便可胡编乱诌，高分无忧。

事实呢，浮躁的表象何其多，内因仅有一个——懒。因为懒，便不愿多花时间和自己对话，直面真实诉求；因为懒，才会急功近利，沉不下心，只在乎目标达成的那一瞬。

于是乎，一份工作，刚实习半个月就抱怨没前途；一本书，才翻几页就说乏味无趣；一个人，初次见面就烙上了好坏之印。

也是因为懒，心是浮的，气是躁的——既没坚持做事的能量，也缺少安抚自己的智慧。

-3-

想起去年夏，我和妈妈去俄罗斯。

参观冬宫前，队伍又长又乱，一排就是半小时。等了半晌，我忍不住心焦神烦，一个劲儿怪妈妈挑错了行程。

身旁是一对父女。爸爸很年轻，30 出头的模样。他寻了一方石凳，让女儿乖乖坐下。过了会儿，又从兜里捞出一本小笔记，从史料、逸闻、藏品再到宫殿结构，慢声慢语地，同女儿轻读了起来。

那一瞬，我是羞的。多大点事啊，我摆什么臭脸？发什么无名火？明明妈妈也站累了、心烦了，明明是我备功课不足，才算错了场次。

不能否认，懒人嘛，大多时候是短视的。相较之下，他们更容易产生期望落差，生怕自己做了无用功。浮躁背后，是无法容忍的“失控感”。

也因如此，我会在吃饭时想着别人的鱼翅海参，旅游时盘算朋友圈晒图，陪父母聊天时满脑手边任务——我一心想着，以最短的时间、最高的效率，换来最佳的反馈和自我认同。

若问解药？唯有“专注当下”和“独立思考”罢了。而今社会，我们有太多想当然的、偷懒的余地。

以为支撑一家咖啡馆会比上班容易？以为申请个公众号就自带流量？以为成为网红就赚钱不愁了？当你摇身一变成老板，是否想过运营是你，财务是你，保洁小妹还是你？

浮躁之时，理应专注眼前之事，减少无意义的信息洗脑。若真有心，那就针对每个目标，列出切实可行的计划，定时定量去完成。

与其论文洗稿、考试小抄、比赛放水，假装自己是全能学霸，倒不如好好想想，我读大学的真正意义是什么？我努力的原动力在哪里？

与其立下 Flag，半个月拿下 500 强 Offer，倒不如花一周完善简历、整合作品，花一周准备面试、调试心态，该发力的时候逼自己一把。

众口百味。管他炊金馔玉，管她海味山珍，你更应找到适合自己的菜谱。每次只学一道菜，一口口尝，一道道做。这才是生活没有 PS 的常态。

嘿，20 岁的你，浮躁、迷茫、荒唐、不着边际，再正常不过。

你只需记得：一件事是一件事，它的好坏与否，不是下件事的前提。而你乐和其中，不必急着到达。

试试吧：勤快一点，走慢一点。

也许，“跳出舒适区”是个伪命题

-1- “跳出去”，只是看起来很美

“我最近太颓废了。”

“嗯……你需要跳出舒适区。”

不知何时起，舒适区，成了某些人的意志力劲敌，成了悬空的达摩克利斯之剑。而“跳出去”，成了一句逆袭口号，成了摆脱现状的不二法宝。

可试想一下，一个习惯独处的宅男，人前发怵，人后自在，若要他钻营社交，强颜欢笑，显然是件吃力不讨好的违心事。

一枚热衷美食的吃货，吃饱喝足是乐事。若成天要她少

吃多动练臀腰，所换来的，怕只是从节食到暴食的一场噩梦。

看似主动、实则被动，看似突破、实则失控。显然，想要“跳出舒适区”，是有前提的，它没那么万能。

我身边就有朋友，听过两三个逆袭案例，喝过七八碗励志鸡汤，成天叨念着：“我要像彭小六说的，对自己狠一点。去干点大事，做培训、当作家、出书立传。”

是，选择自由职业挺好。起码不必忍受后背 Boss 一双眼睛的扫射，也不必为了早到，六七点爬起来赶公交。可越是自由，反而越要求强大的自律和掌控力。

真实的剧情，往往是那些年轻人，嘴上说挑战自我，躯壳却在家中化作网瘾少女、抠脚大汉。以我浅薄的经验，就着一句片面逻辑的假口号，依葫芦画瓢还不自知，是件非常荒谬的事。

行，你想做自由职业。可抛却眼前幻象，你又能否忍受，连续两三天熬夜赶稿被拒、连续几个月无活可接、坐在家中社交变窄、心理失调的日子？

行，你想考公或考研。可忽略父母的催促、师长的奉劝、朋友的刺激，你能否一直忽视自己的感受，压抑自己的意愿，欺骗自己？

圈内的你我总把圈外的世界想得太美。

-2-“跳出去”，不如扩大舒适区

每个人的掌控感、价值感和压力诉求，皆有不同。彼之蜜糖，也许是己之砒霜。

有的人，适合待在舒适区，不慌不忙，方能如鱼得水，有所长、得其乐。若是成天让他跳到荒原，没准焦虑、惶恐、压抑齐齐病发，能力暴跌二三成。

就像令狐冲。旁人惊羡他剑术无敌、圣姑青睐，但他不愿啊。若能随心，他宁可寂寂无闻，当个华山派大弟子，伴着小师妹在瀑布前舞剑一生。

而有的人，擅长冒险和挑战。只有试错了，受挫了，碰壁了，才会知缓急知利害，心态也会越发柔韧。糟糕的是，对生活中的大多数人而言，“跳出舒适区”更像变相拖延的幌子。

因为当前状态不佳，所以告诫自己，明天我要拼命，我要改变，我要快速逆袭。却生生地忽略了两个必备前提：一是它得发自本心，是兴趣所向，是慎重抉择，并非他人或环境，半推半就；二是它能给你满足感和持久的意义，并非短暂的一瞬，或是虚无的快感。

很多时候，言语建构了行为。当你一口一个“跳出”，身体就像历经一场暴力式革命。光顾着狂飙突进了，哪有心情享受些许的自在、沉潜的点滴？

当你成天寄望于“跳出”的一瞬间，又怎记得，专注和深掘，是自我实现的必经之途？

想起去年考教资，我曾在有关焦虑症一章，读到“满灌疗法”。当时觉得挺讶异，难道对于有洁癖的人，非在他手上涂满墨汁、油、酱料，禁止他洗手才能减轻症状？

这有点儿反人性。兴趣还没达到热爱，行动还没跟上思考，就算强行助攻，也不过用力过猛罢了。

要知，真正的舒适区，并非封闭的、静止的、束缚的圈子。相反，它有横的延伸，也有竖的纵深。

你的醉生梦死、不思进取，怪不得安逸。是你的懒、你的烦、你的惰性，在日夜麻痹自己。

同理，逼自己太狠，容易弄巧成拙。一旦堕入恐慌区，再强大的意志、再果决的选择，怕也难敌“鸡血三天，颓废一周半”的懈怠。

私以为，没有哪件心间事，是该放在舒适区外的。你置它于严峻处，便暗示着它难而费力，便会越发眷恋圈里的容易。

若有空纠结跳或不跳，不如心里明了要或不要。

你过得不好，跟你的身材无关

–1–

好友西图是个胖姑娘。

18岁以前，她说自己就像糯滋滋一坨肉，大脸短腿小身板，圆脸把双眼挤成门缝。她不爱拍照，总是习惯性躲避镜头。高高举起的相机，一如她的枪林弹雨。

“唉，你要是再瘦点，那还差不多。”自卑是把尖刀，架在脖上，刺在心底。

因为男神的一句轻嘲，西图试遍七日断食法，跳遍燃脂健身操。苦头吃尽，闭经半年，总算把体重折腾到两位数。

可不知怎么的，瘦是瘦了，男神依然没接受她，西图依然不快乐。她暗淡的小日子，并不比之前好过。

有一次，我和她途经某报刊亭。封面画本，绘着一个微胖少女，眯眼大笑，手握冰淇淋，旁边配文——一点赘肉别紧张，杨贵妃照样迷死唐明皇。

西图低头看看自己，呜呜哭了。是啊，她变美了，可什么时候起，她被“减肥”二字操纵了身心。自以为瘦即一切，多吃几口辣条，惩罚自己疯狂跑圈；多抿几口奶茶，恨不得原地催吐。

“我过得不好，全怪我身材太糟。”正是对体重的过度关注，让她长期处于“节食、厌食、再暴食”的怪圈，深陷于习得性无助的泥淖——越是想要控制身材，越是过得无比糟糕。

-2-

在我认识的女孩儿里，像西图那样的，并不少。

她们将小 V 脸和尖下巴视为审美模板，把“要么瘦，要么死”设成手机开屏图。开口闭口，也就几个词儿：A4 腰、马甲线、素食主义者、瘦到骨感。

更有甚者，把身材好坏当成自我价值的打分器。

“我想快点瘦下来。让前任后悔！”

“要是我漂亮点，怎么可能处处碰壁？”

不止一次了，我在后台看到诸如此类的留言。

两人分手，全怨自己腰圆腿粗，入不了对方的眼；求职失利，都怪 HR 外貌协会，净把好看的优先挑。

可是啊，你真以为那人不爱你，是因你单眼皮蒜头鼻？公司不选你，是因你微胖身材个头矮？

他们挑剔的，何止是你的外表。拒绝人的数种方式中，拿体重开涮，是最不费力的一个；而改变自己的数条途径里，靠外界加持，是最没底气的一种。

生活面前，我支持女孩追求美，却怀疑认知不足的狭隘。当你以高额代价去追求嶙峋的美，因为他人偏见而饱受隐形的苦，又是否明白爱情和事业从来与你的身份无关，从来与你的身材无关。

好的关系，不是强加观念，也不是毒舌嘴贱。那些揪着你体重小辫子，明里嫌弃暗里轻嘲的人，掰了也好，丢了也罢。

-3-

不知何时起，“形体焦虑”，也成了全社会的通病。

“你能控制体重，就能控制人生。”“嘴巴都管不住的人，还指望他干吗？”……

这类热门句子，像极了巧妙而蹩脚的文字游戏。

真正让它们走红的，往往不是其间逻辑，而是戳中痛点——人骨子里的自卑和不安全。

因为自卑作祟，所以紧盯主流审美，汲求外界认同；因为价值匮乏，所以不安泛滥，妄图把控人生。

身材、颜值、自律、赢家。生活中最大的误区，就是人们试图在无时无刻变化的世界里，建立并履行一个恒定的标准。什么是完美，定义一下；什么是优秀，定义一下。

巴不得解决某件事，便一键解答未来的所有命题——我考上好大学就能找好工作，我嫁了潜力股就能后半生无忧，我减肥成功就能全面开挂。

因为某些机缘，这五年来，我接触了不少进食障碍患者。其中有个女孩儿，深受厌食症、暴食症、躯体焦虑之苦，一病多年矣。

哪怕瘦到 60 斤、70 斤了，仍有强烈的羞耻感——她们不满意的，并非胖瘦本身，而是生活现状和整个自己。以体重形式外显的，更是内心深处的低价值感和对自我的不接纳。

我心疼她们，却不能否认，“取悦自己，让身心状态达到平衡”和“换取认同，被动瘦成主流审美”，压根不是一回事儿。

有时候，你我不是为了美高歌猛进，而是为了逃避问题丢盔弃甲。折腾身体，倒腾面容，何尝不是对内心不满的变相发泄？

只是，过度控制身材，反而会让眼前生活失控。和自己相处不好，日子又怎可能顺遂？身心疾病面前，不需要道德规训和廉价鸡汤。但别忘了，你过的是你的生活，你活的是你的人生。

你可以有克制地放纵，有限度地溺爱自己，亦可以欣赏接纳他人的好皮囊，笑一句“胖也挺好”。

这篇文，送给那些饱受身材困扰的人。没有谁的人生，能仅被胖瘦定义。身材、颜值，是装药的瓶。药效好坏，疗愈与否，在你的心。

美好如你，别瘦在别人眼光里，烂在自己执念里。

你别自欺了，这世上哪有什么捷径

-1-

一切抄捷径的行为，最后往往都被证明是在走弯路。比如，节食减肥。

不知道什么时候起，“你瘦了”，慢慢变成了好评率100% 的撩妹情话，一不小心还跻身年度问候语之列 Top3。

正是为了这三个字，很多姑娘以节食为一个中心，不吃饭、多喝水为两个基本点，愣是开启了一场“饿吧饿吧不是罪”的 Keep Fit 之旅。

这些“有志”的少女，凭着“能把控体重就能把控人生”

的大无畏之姿，今日别甜品、明日丢零食、后天吃空气。要么把自己折腾得面黄肌瘦惨兮兮，要么就成了间歇性暴食厌食者。

面对那些因饥饿导致肚里馋虫永不瞑目的深夜，那些因手脚无力而爬不动的宿舍楼梯，“我要以最快速度变成白瘦美”，这成了她们迈向女神之路、踏上颜值巅峰的不二信条。

当然，在体重速降的同时，她们也有了自己的“轻盈的负担”。比如翻开书本半天却记不住一个字的恍惚神游，区区一点小事就会触发焦虑……

为了一条“瘦身捷径”，有志的她们残忍拒绝了身体的次次诉求，也告别了那个曾经爱美食爱健康爱生活的自己。

然而，生活中哪有什么所谓的速效？你过去所走的捷径，还不都成了现在和未来的漫漫弯路。

盲目节食而非平衡收支的姑娘，往往都会面临大脑缺能量后的迟钝反应，以及身体疯狂报复自己的暴食反噬。更可怕的是，日复一日透支的自制力罢工了。

那条曾自以为正确的变美捷径，不知何时，成了生活绊脚石。石头表面，早已被那自卑虚荣敏感交织的毒蔓，缠了一圈又一圈。

-2-

不知道什么时候起，“碎片化学习”成了自我充电、天天升级的绝佳提升捷径。

幽黑色的走道中，沙丁鱼罐头般的车厢里，总有人戴着各色的耳机，听着各色的微课，记着各色的干货心得。若恰好有熟人过来唠嗑，只消手一挥，眉一扬，嘚瑟一句：“我在利用碎片化时间学习呢，您稍等。”

然而，大多数碎片化时间，不是挤出来的，都是急出来的。我那么中意“碎片化学习”，是因为它能在最短的时间内丢给我最集中的干货和信息量。

看了集《罗辑思维》，我就搞明白鄙视链怎么形成了；读了篇养狗必备修毛攻略，我就敢放心大胆给我的宠物狗“灯泡”做造型了。小如黑蚁的“碎片们”纷纷蹦向了我的眼，糊上了我的耳。

最终，我走的这条速学捷径，完美成就了我所不自知的能力错觉和日益衰退的大脑。有时候我都快忘了，自己想要的到底是什么。

最初只是想快速填充下自己的思维抽屉，查查跟 A 有关的资料。不料，这边刚被头条 B 辣了眼睛，过会儿又被干货 C 绕了进去。

等结束了此次 Study time（输入时间），我突然发现，思维抽屉里该空的照样是空的。看过就忘的信息 B 和知识 C，一不留神成了我的专注力杀手。

有时候，我就只是盲目着力于“积累”，盲目地接受一切身边的资源和机遇。自以为那样就离目的地近了一步，以为只要持续性地学习，逼一逼自己就能释放出无限潜力。

昨晚计划，明天图书馆安静自习两小时。可因为今天上午在教室象征性地下载了几篇论文，中午边吃饭边读了些长推送，我那不争气的大脑，居然以为该日自习打卡成功。

昨晚想着，明天整理收藏夹，后天分类印象笔记，然而洋洋洒洒地记一大堆，却再没兴趣翻看一页一字。

那些误以为被消化干净的知识零嘴儿，不但没给我能量，反而使我失去了汲取知识的好奇心和新鲜感，行动力比以往越发弱。

慢慢地，这种看似速效的学习方式，在一点点背离着我“利用零碎时间，积累点滴知识”的初衷。它成了我系统化思维形成的一条弯路，一个巨坑。

我忘了，散装干货是拿来当作料的，要做一桌子菜，远远不够。知识没有终点，知识体系亦是。对一件事情，多数人只停留在“这是个什么玩意儿”的浅层表象，而极少数人会去主动探索背后的为什么、怎么样。

人与人之间的差距，无论是儿时的分数排名，还是毕业后的眼界格局，都是在所谓的“捷径”上开始分岔的。

你在诉苦连连，他在沉着应对；你在自喜于今天任务完成得早，他在着手明年目标如何忙；你在七拼八凑求应付，他在集思广益开脑洞……

日复一日，年复一年，成长是慢悠悠的，差距是各方面的。终于有一天，走着捷径的你，行在笨途的他，已从学习态度的好与坏，化成了专注力、思维力、总结力的高下之分。

那还在笑谈“高分始于背书题少心态好”的抱佛脚少年，也会慢慢变成幽黑色走道中、沙丁鱼罐头般车厢里的公文包大叔，喜欢拿着手机学零碎知识，读细碎消息……

所以，这世界上，哪有什么速成法。路还长，咱且慢慢来。

所谓选择恐惧症，不过是你又懒又贪

-1- 别装了！你只想走个过场

我的小表妹是个纠结狂。

和她一块吃饭。接过菜单，她从头翻看到尾，眉头蹙着，丧成苦瓜脸。20 分钟后，又硬塞给我："姐，要不你来吧。帮我点份一样的。"

和她挽手散步。不出百米，她说作业没做，得赶快回家去写；到了楼下，她又嫌胸闷气短，非要拉我再去走走。

上个月，她跟家里闹了分歧，隔三岔五，就给我发微信、来电话轰炸。

“哎，姐，你说我到底考研好，还是工作好？选哪个省事些？”

“我爸说，一流名校是敲门砖。我妈说先工作更好，早点积累经验。要不，你也帮我想想？”

我有点语塞，便问她：“你自己呢？喜欢什么工作，想要怎样生活？”

小表妹怔了怔：“我，我不知道啊。”

“那你怎么办呢？等他们想好了，替你决定？”

“还能咋办。也就这样了，谁能怪我有选择恐惧症呢！”

一瞬间，我就差摔了电话。这傻丫头，看似左右为难，实则漫不经心。迷茫如她，既没想好以后出路，也不愿接受此刻粗粝。

因为没有主见，因为不愿担责，她只好逮人就问，再三求证。到后来，选择权都送了人，干脆看客说了算。“随便”“都行”“听你的”“我不知道”……

在选择障碍者们眼中，生活时刻处于一种“三不知”的境地——充满了不确信、不清晰、不懂得。就像被幽灵缠身，明知它飘在附近，却只能捂眼装睡当聋子。

我的专业是金融，但我喜欢设计，如果我放弃做会计，别人会不会笑我，说我不务正业？

我定的餐馆，人家不喜欢吃怎么办？参加不熟悉的聚会，我该先减个肥，还是先学化妆？

想想也挺可悲的。

应试体制下的你我，用 20 多年去背世俗强加的角色期待，背所谓的标准答案，背语数外的考试范围和乱七八糟的公式定理，却也拒绝了未知的疯狂，拒绝了声色的张扬，拒绝一个真实、清醒的本我。

因为盲目从众，所以嘴边的未来，大多是被灌输、被洗脑、被填鸭的；因为思维怠惰，所以不愿承担可能的后果，凡事只想伸手讨要答案。

更糟心的，是你一边丢掉自主选择权，一边释放抱怨和怒气。却偏偏忘了，阻止你自在选择的、随心生活的，从来不是强权，不是父母——是懒散的你、害怕的你、还有走过场、打酱油的你。

-2- 别骗人！你的贪心太满

当然，还有些“选择障碍症”，说好听点是圆滑，是慎行；说难听点是贪心，是欲念。是你赋予了选项太多“无意义的完美”。

初中时候，曾听闻一故事。说的是齐国某少女，因貌若女神，被俩小伙同时追求。只可惜，东家男子虽是富二代，却长相寒碜；西家男子虽是小鲜肉，却身无闲钱。

担心女神羞于指明，众人便提议，不如让她露胳膊示意。出左手，选东家；出右手，选西家。纠结许久许久，女神慢悠悠地伸出两只胳膊。笑言之：“以后，我想在东家吃饭，在西家住宿。”

事实嘛，这种“食东宿西”的戏码，今日亦不嫌少。有时选择之难，不在路径本身，在贪婪之心。在年轻气盛的时日里，贪心如我们，很容易把生活的每道选择，看作AB题。

想抛弃一份苟且的工作，又怕失去稳定的生活；想告别一段苦涩的爱情，又怕遇不到Mr. Right；想买件打折的衣服，又嫌它不如大牌的款式和质感。

于是我们感慨："还真棘手啊，要是能有兼顾的路子该多好！""如果那么难选，要不我就不选了吧？"真巴不得，这唯一的选项，必须是最大限度的、理想化的。如此，便可一劳永逸不烦忧，绕开所有的未知和难关。

然而，哪有什么两全选择、顺遂人生。那些心态失衡的人，无论选什么都会不甘，无论怎么过都嫌浪掷，回头看看，都要生悔。

真正让他捶胸、让他顿足的，其实也非眼前之路多漫漫。而是脑中常浮现的——口渴之时的那瓶奶，纸里包裹的半块糖，夜深闭灯后的星和月。

-3- 别躲了！是你选择捂眼遮耳

就像亦舒在《花解语》所说的："无论什么都有代价。一个人，只在彼时彼地做对他最好的选择，或对或错，无须对任何人剖白解释。"

所有不给方法论的鸡汤都是耍流氓。很多时候。选择这事儿，就像考试做题。卡住了，先跳过，做下一题。回过头，再填满，或涂改。

若你手抖心乱按不下选择键，我想，起码可以做如下之事：

（1）别问别人，问你的心

最重要的，是清楚自己的诉求，规划想要的生活。然后，自己思考、自己判断、自己抉择。也许，你无法得知下一步的下一步，但起码可以列好选择优先项，订立几条牢牢不可破的底线，明晰自己适合什么，不适合什么。

就像考研不是镀金，而是为了砺剑。选择不是从众，而是为了觅己。

事实上，所有停在脑海中的臆想多半会夸大未知领域。某些“兴趣”，某些“憧憬”，只有你深入尝试、体验之后还愿意视为热爱，才算真正的“选择”。

就像很多东西你不吃怎么知道酸咸或甜辣，很多人你不相处怎么知道厌恶或融洽。

直到哪一天，你清晰了、笃定了你的热情所在，你的心之所向，你愿为了什么而摆脱拖延、懒惰、无所事事的恶习。那就对了。

（2）所谓完美，是个骗局

任何选择，都有沉没成本。被焦虑牵绊、被得失左右的人，往往陷入了一个怪圈——生怕世事如对弈，一步若错，满盘皆输。

然而，生活没有准则，选择并无对错，价值观是不断推翻重建的。决定生活轨迹的，从来不是选择本身，而是选择之后的姿态。

你若积极，考研或工作，都可以；你若消极，考研或工作，都不行。

更何况，人生若无悔，那该多无趣。你我眼界和预知能力有限，行至中途，路至未央，如何能看得清清楚楚，想得明明白白。

毕竟，一个决定牵动一个决定，一个偶然注定另一个偶然，回不了头。于我嘛，遗憾比后悔更难受。前者是没做，后者是做错。

20岁，不早也不晚。我亦只有一生，何必慷慨赠予不爱之物。

若说颜值就是一切，整容不如整心

-1-

想说说最近刷屏的某 App 整形广告。

“人变得庸俗，是从发胖开始的。不想被自己打败，首先要拿下 0 号身材；普通的男人，普通的收入，普通的生活，普通到不甘心就这样跟他过一生；听说有爱的地方就是家，但幸福，从没敲过三环以外的门。”

看完我挺吃惊的。什么三观？小镇姑娘等于没见过世面？胖子全都是可怜鬼？嫁个普通人会一生抱憾？三环外黄脸婆不配拥有幸福？

最令人难忍的，是视频中旁白以看似优雅的口吻，散布着极度扭曲的价值观——成人的世界，是一场筹码兑换的游戏，而美貌是最受认可的、最具溢价空间的资源。

此片一出，骂声一片。私以为，这篇文案的致命 Bug，并不在于撕开假面、裸露真相，说出所谓丧的现实。而在于它自以为是把所有的病源绝对化，把甩出的病方极端化——你看，你过得不好，是因为你不够美。怎么办呢？下载个 App，整个容，一切解决啦。

明知有问题，还刻意放出来惹争议、拉流量、赚讨论度，却不曾想过，多少没有识别力、没有掌控力的人可能因此误入歧途，内心扎上无数个洞，行为兜转无数个错？

奥格威说，不想让自己家人看到的广告不要做。想想也是讽刺，不知何时起，炒作、营销、搏出位，竟成了一众品牌们的自嗨起哄。

在我看来，这世界确乎看脸——但助人判断的，远远不止一副五官的排列组合。颜值这玩意，虽能带来各种看得见的小恩小惠，却伴随着大鲨鱼的狡猾吸血，青春散场的白骨遗骸。

-2-

大概每个整形故事背后，都有欲望在支撑。

任何人，不缺追求美的动机，都有处置自己身体的权利。如果清楚自己要什么，也清楚动刀带来的后果、该负的责任，那么，谁也没有指责的资格。干涉无益，尊重就好。

生活中真正让人撇嘴的，往往不是整容本身，而是以之为名的奇葩观念。

第一种，颜值至上，拿脸当饭当补药。

做公众号以来，不时会收到一些留言：我的生活不够好，全怪爸妈把我生得太丑；室友是个大美人，要不是她卖相好，怎么可能比我先找到工作……

每每看完，我都无言以对。我不想辩驳形象管理正确与否，也不否认一副好皮囊的重要性。

我比较反对的，是把“重要性”当成“决定性”，是把所有不满意不如愿全归咎于身材，把一切转变的可能性百分百寄望于颜值。

自己成天空幻想，韩剧外卖葛优瘫，难道瘦个脸，好工作就会主动上门？自己专业太薄弱，嫌这个嫌那个，难道隆个胸，高分模式会自动开启？更何况，又有谁仅仅依靠变瘦、变美，就能一辈子衣食无忧，畅行无阻？

若俗气的灵魂贴不上新画皮，再精致、再好看、开口三两句的无知和傲慢，也会摧毁所有印象。对“颜值即全部”的人而言，整容无异于饮鸩止渴。

第二种，跟风从众，盲目追求网红脸。

我身边有个女孩儿，三年间，几乎改变了整脸的五官。嘟嘟唇、锥形下巴、欧式双眼皮、玻尿酸微晶瓷隆鼻……她无法遏制自己的欲望，一改再改，几乎上了瘾。

曾问过她：“每个月分期付手术费，不累吗？”

她白了我眼，说：“这你就蠢了，好看的女孩子哪个不会花钱？颜值高了，还怕没钱可赚？”

是啊我不懂。当下网红脸盛行，少男少女身处其间，除了看到面上光鲜，又是否警惕过审美的标准化？数据泡沫的虚假化？

像什么“当你控制了体重，你就控制了人生”“我见过太多细节，出卖了女生的品味”“好的东西，值得你为它付费”……

在这些潮流中，那些努力挥动大旗或是暗中窥伺的家伙，多半只想趁着风潮为产业捞金。

当你以为，某些公众号、某些机构在为美筹谋，为美献策。实际上，他们何尝不在放大危机感，激起“我怎么那么糟糕”的哀叹，以及“再不下手就晚了”的焦虑恐慌？

变美是绝对正确的诉求，但路径未必是整容。

要知清醒之人，不受外貌的囚禁，也不贪图美貌的特权。更重要的是，不会被社会洗脑、被他人强推的标配式审美捆绑了自我。

-3-

当然，还有第三种人：嘴上说着不要，心里却酸唧唧。

“她混得好，无非就是那张脸而已”“我要是好好收拾一下，难道会比她差？”这类人，把某某的整容蜕变史，当成每一次茶余饭后的谈资，以及八卦窥私的话语磁场所在。

就像“不复生在帝王家”和“何不食肉糜”的彼此嫌弃，

整容这个大靶子，偶尔也是人类嫉妒心理的大爆发。

更有甚者，明明换了张脸，却四处说谎、遮掩、打太极，硬撑自己纯天然，对他人长相指指点点。

“你看她，拉了眼皮，动了鼻子，还那么丑，哼！”

“也不知道她们怎么想的？像我这样，素颜多好！”

虚荣背后，更是虚无。本来嘛，天然去雕饰，甚美；人工的精致，也可贵。然而当你为此编造一个个谎言，贬低他人以抬高自己，便有些可悲了。

整容从来不是污点。如果感兴趣，那就好好研究，别光见收益却无视风险；如果不感冒，那就管好嘴，收好心。别揪着人家整容这件事不依不饶，好像自己高人一等。

如荣格所说：“正是我们看不到的那部分自己，才构成了命运。”我并不以为美貌皆下品，唯有才华高。只是体重面前，你可以控制指标，但别让它控制你。

颜值面前，自己的美自己说了算，别人的美也请学着欣赏。

双眼皮还是单眼皮？瘦一点还是胖一些？外在美还是内在美？这就像是《笑傲江湖》里的桥段：剑宗好，还是气宗更胜一筹？事实上，此题本无解，只看君内心。

有些事情，有规矩，有方圆；而有些事情，永远说不清是非曲直。无论是毒药还是鸡汤，安慰剂或是镇定针，重点在于你是否通透，能否抉择。

于我，女孩子若是饱满些，灿烂些会更美。她不必迎合别人的期许，做牵强事，说违心话，更不必为了一张脸的妍媸美丑，将自己折成薄薄的、无趣的说明书。

这世上，信息泛滥而廉价，思考罕见而珍贵。

若你说，颜值就是一切。我想说，整容不如整心。

够了，我不想过“再等等”的生活

-1-

我是个典型的被动症患者。虽不是慢性子，却习惯了“再等等”。

五六年前，我喜欢过一个男孩儿。每周数次，挑着各色的信封，换着不同的邮筒，寄信于他，也是寄心。哪怕日夜流去，他从无回音。

再后来，他有了女朋友，我还是不甘。乘他坐过的公交线路，走他门前的小步道。却一次次，垂眼而去，懊丧而归。

现在想想，那会儿挺傻的。为了等一个不可能的人，耗空了身心，粗粝了时间。把自己等得患得患失，等得怯懦失意。

可事实上，爱情里的单向使力，除了跟自个儿较劲，别无其他。

“我是喜欢你啊。可我更想证明，自己是被爱的。”

“我为你花了那么多心思，你怎么能视而不见？”

彼时的“再等等”，听起来很美，却更像七分自我逃避，三分自欺欺人。

王尔德曾写过一个故事，关于夜莺与玫瑰。

男孩为讨女孩欢心，在冬日的花园里苦苦寻觅红玫瑰。夜莺得知了他的心意，用胸膛顶着花刺整整一夜，染红了乳白色的花儿。

可等待的结果，却是场悲剧。女孩临时变卦，放弃了男孩，转身接受公爵的邀舞。最后呢，男孩因爱生恨，把花狠狠丢到地上，用脚踩到稀巴烂。

“不要像个孩子一样向这个世界索取回报，自我的用力感觉、委屈、眼泪，不能成为你的筹码。”一直觉得，这个故事中的男孩，像极了现实中的你我。

明明是自己错付心力做遍无用功，却误以为对方不领情。

因为等得太用力，所以关注点跑偏，非得处心积虑去证明，你的世界我是独一。因为等得太功利，所以且行且疲惫，妄图用对他人的控制，填补自己缺失的心意。

然而，人和人的关系，是一根疲软空旷的管道。交往的状态越是胶着，越需要一个破局者。

那种自以为付出、讨价还价式的拉锯，也许都不是真正的等待。这份错付，就好似她骑着青驴走遍天涯，而他绝情崖边纵身一跃。

终归是明月在天，清风吹叶。

-2-

想起前几天，刷了几集《三流之路》。本以为是恋爱日常，未承想是碗现实毒鸡汤。

女主崔爱拉从小立志当主播，却被现实啪啪打脸，成了商场角落的前台咨询。男主高东万是一位过气运动员，武艺尽废，去了除螨公司做清洁。

当主流式观点铺天盖地说着，做人必须要有远见，要有追求，要学会等待。这部剧却问——若我们没有与天赋为伴的实力，若我们没法和自己死磕到底，这时候，该走还是该留？

于是乎，男主做了抉择。他对教练说："我还有更迫切需要做的事情，以及需要承担的责任。比如好好孝顺父母，照顾生病的妹妹。"

他太明白了。现实面前，"再等等"是最自欺欺人的誓言。

随着剧情推进，男女主渐入佳境。两人的幻梦，也在日复一日的触碰中，成了现实。评论有人说，这是心念的力量。我倒觉得，他俩的逆袭，绝不仅仅因为"我执"。

首先，男女主都有隐藏的才华：男主腿力惊人叱咤一时，女主拿着麦克风亦可熠熠生辉。

其次，两人都很清醒于当下，一切迷茫、畏惧、优柔寡断，都靠行动力来横扫。

只可惜啊，现实生活里，那些成天说着"再等等"的人，往往不是为了暗中蓄势，而是在变相拖延：

"等我再瘦白美一点，就去跟他告白。"

"等我买齐复习资料，再来准备考研。"

“等我多读几篇爆款文，就做个公众号。”

他们这边嘴炮满天飞，那边执行力为零；这边眼红别人酸唧唧，那边放任自我笑嘻嘻。

拿我老妈的话来说，这就叫“过度规划未来”，是病，得治。太多人，既不看手里的牌，也不挑脚下的路。凭着一腔“明天会更好”的假鸡血，睁只眼闭只眼，反而虚耗了眼前日子。

这么一来。所谓的“再等等”，不过是得过且过的近义词、不思进取的隐身衣。

-3-

如卡夫卡所说：“你刻意选择逃避，这是你的自由。但要记住，你所能逃避的永远只有逃避本身。”你可以等，但不要瞎等。

更多时候，“再等等”的意义并不在结果如何，而在一次次落空中觅得自我，明白自身的喜恶和局限。

就像一盆米饭，加上适量酒曲，密封、保温、合上盖——也许打开是美酒，也许长霉且腐烂。你不主动掀开，又怎知滋味如何？

去经历吧。经历暗恋、告白、热恋、纠葛。经历怯懦、犹疑、悲喜、释然。

很多人，你不接触便不知是冷还是热。也许那个寡言少语的男人，会笨拙地给你夹菜，半夜哄你入眠，为你成了世间最痴的汉。

很多事，你不体验，便不知是对或是错。也许孜孜以求之物，只会让你三分热血迅速放凉，恪守的目标融成泥浆，回报周期比海岸线更长。

比起“手中剑，心中握”，没准真正该做的是你“心中剑，手中握”。很多“再等等”的生活，你不必等，更不必过。

Part 6

自我提升：那些书影教会我的事

戏如人生，人生如戏，在故事里留下眼泪，是因为我们从中窥见了自己的人生。

《完美陌生人》：你有你的秘密，我有我的隐疾

-1-

《完美陌生人》是一部自带八卦的窥心电影。

三对婚龄不等的小夫妇，一个离了婚的单身汉。七人聚餐，在某月食之夜。席间，女主吃饱了撑着，提出来玩“真心话大冒险”。

所有人把手机放桌上。短信、电话、邮件、社交消息，来什么，分享什么。

伴随一声铃响，“我渴望你的身体”，噩梦开始。就像

午后鱼塘丢了枚炸弹，闷响之后，鱼群翻着身子，鼓着白肚浮出水面。

整容、偷吃、出轨、出柜、抑郁症……这场万劫不复的底线试探里，七人阵脚全乱。桌上谈笑风生，私下无比仓皇。

手机，成了罪恶的黑匣子。变心与撩骚，红玫瑰与白玫瑰，最不堪的他和你。当所有隐私被公之于众，三对夫妇面临崩溃，七位好友面面相觑。

很快，有人懊丧，有人愣怔，有人摘下婚戒，有人骂骂咧咧夺门而逃。一地烂鸡毛。

“我们的关系是脆弱的，每个人都是，有的人更加脆弱。”如男主罗科所说。谁不曾渴望自己和亲爱之人不设帷幔，谁不曾期冀对方袒露生命的每一处边边角角。

可憾的是，成年人的世界太过驳杂。欲望裹挟着诱惑，一不小心就是泥潭。若拿着放大镜窥探，任谁也逃脱不了。人性哪，终究经不起刻意考验。

-2-

“同一块遮羞布，有人想捂住，有人要撕开。”微博上，那些关乎人性的视频总能霸屏上热搜。

拥挤公车上的假孕妇，雨夜里受冻的小女孩，选择 50 万元而非女友的帅小伙……彼时，做测试的人躲在暗处，摆弄相机，以上帝视角般记录每个人言行。

测试结束，一众参与者们，被贴上了“渣男”“冷漠”“势利眼”的标签。

“街头遇到有人实施抢劫你会怎么办？”“男子测试拜金女，700 美元让女孩节操全无”……看到此类噱头式标题，我从无打开欲望。

设置考验人性，难道本身不是一场恶？作为发起者，是否考虑过其中的误导性和不确定性？

没有谁，是百分百的“道德洁癖者”。选择 50 万元而非女友的小伙儿，或许因为家中亲人重病，无钱医治；并未起身让座的小白领，可能只是走神发愣，慢了半拍。

过于主观的人性测试，让吃瓜群众站在了观摩人性的看台。冷漠与无常，寒心与崩溃，是一个不断倾斜、不断丑化的过程。

天平一端持续加码，失重的人性迟早会翘起一角。

-3-

吊诡的是，那些人性测试的发起者，往往自己都不太经得起考验。

譬如《完美陌生人》里的女主艾娃。身为全片最虚伪也最自私的大 Boss，她扒光女儿的心思，干涉女儿的隐私，全无为人母的温情。

当私密情人有了心头好，她恼羞成怒，大加责骂，却偏偏忘了自己早已背叛丈夫多年。

就像老猫枕着咸鱼睡觉。一方面想要窥探恋人挚友的秘密以佐证他们的忠诚；一方面又偷偷满足自己毒瘾般的原罪和私欲，任由它们在不为人知的角落肆意生长。

她口口声声的考验，更是猜忌和欺骗。家人的弱点，成为明晃晃的靶子，等着自诩为猎户的她一一扫射。

我身边，不乏这样的人。弄几个微信小号去探男友的口风，租白富美去试探男友的真心。一两个若有若无的陷阱，三四则似真似假的消息。

往往试探还未过半，相爱伴侣，彻底闹掰。真个糊涂又真个无奈。

细想来，这更像设局式的贼喊捉贼。以爱理不理、口无遮拦的方式检验友情是否牢固？以借故分手、旁敲侧击的伎俩考验爱人是否忠贞？

说白了，是不安全感，以及背后根深蒂固的不信任。他们想要的，是以高高在上的姿态控制局面，以此获取心头的一星点确信。

然而，所有的忠贞和底线，不过是权衡利弊后的稳妥之选。若大肆捏造一个某人想象之外的世界，难免三观不适。

看不懂考验的人，往往中招，于是你期望落空，逐他出局；看得懂考验的人，没空陪玩这低端游戏，于是你弃甲而逃，覆水难收。

考验人性，是一笔只亏不赚的买卖。

-4-

相比之下，我更欣赏男主罗科的心态——理智且隐忍，克己胜于责人。

整部电影，他最憋屈却也最通透。从头到尾，他反对绝对的毫无保留和开诚布公。多亏他作为润滑油和睁眼瞎的努力，这破碎残局，才勉强维持着稳态。

罗科很明了：心与心的灰黑帷幔，是人性里暗色的斑块，隐匿了污垢，却也绵延了生活。

“一个人要隐藏多少秘密，才能巧妙度过一生。”片末，导演玩了把平行时空——七个人，回到晚宴开始前。三对小夫妇，一个单身汉，他们从未按下游戏的开始键。

那夜月食半影，光面与暗面共存。七位挚友，像往常一样携带着秘密，重返各自的生活。

这样的结局，宛如问号，你是想要坍塌的真实，还是暗流涌动的和平？想来，不管选哪一种选择，无非忠于内心，或是忠于爱罢了。

有些欲望、隐疾和沉默，不能展览，无法共享。若以爱之名、以亲近之义贸然越界，会伤人害己。倒不如，“对身边人，少些耐力和智力的较量”。

《Sing》：三分钟的热度，算不得热爱

这部片，我本来是不抱期待的。仅因心情憋闷，途经影院。却不承想，撞上了“听名字差点错过好片系列”的神作。

暂不说好莱坞的大咖们加持，暂不说《欢乐好声音》这般的吊诡译名。光从观影角度来说，《Sing》绝对能算“全程无尿点”。

看片过程，亦是造梦体验。萌宠、逐梦、小人物、大反转，严丝合缝躺在它们该在的地方。虽不乏套路，却极撩人。

如同《一千零一夜》，《Sing》简单而催泪，是笑中的泪。

-1- 一群郁郁不得志的 Loser

片中的主配角，无一例外，全是小动物。如众生百态图，连缀了一群郁郁不得志的 Loser。

考拉月伯乐，昔日风光今日潦倒的剧场老板。为挽救颓势，欲搞一场“史上最伟大”的选秀大赛，因错把 1000 美元印成 10 万美元，他只能将错就错，圆巨额奖金的大谎。

大象米娜，患有人群恐惧的天生好嗓。样貌大众，短腿粗腰大脸盘。因内心自卑，始终不敢正视他人，表现自己。

豪猪艾希，涂着姨妈色唇彩的摇滚少女。为参加选秀，男友劈腿，成了前男友。逐梦路上，爱情让她心碎，却没让她跌倒。

猩猩强尼，抢银行偷金库的黑帮小伙儿。心怀音乐梦，曾被家族视为无用孬种。对暴脾气的父亲，又爱又怕……

与一众小可爱们相悖的，是老鼠麦克。他自诩“表演艺术家”，所在意的，不过是人前人后的面子和那不菲的奖金。才刚过海选，迈克便做起冠军梦，办起钻石卡，过起了撩妹泡夜店、玩牌出老千的迷醉日子。

从头至尾，他是个眩于名利的实用主义者。明明掩不住满身的胜负欲、功利心，却偏要高呼“理想万岁”，欺人又骗己。

电影里的他们，隐现着你我的影子。有父母干涉的小心思，有冷眼他人的嫌嫉心，有跌入谷底的绝地反击，也有努力却不得志的甘愿自弃。

相较成人世界的认命、乏味和冷漠，《Sing》构筑的主角境遇，显然更具童话色彩。

艾希被男友背叛之后，抱着吉他蹦上台，嘶吼了一曲《I Can Finally Free》；强尼放弃偷奖金的恶念，陪蜥蜴老太弹了一夜的琴；猪妈妈在弃赛前日，被超市背景乐唤醒，跳起了超燃的探戈……

“夜正浓，身困乏，亡命天涯，无心睡眠。我需要骑行，像风一样。奔向自由，奔向墨西哥边境，所以我要像风一样骑行。”

蜗牛小弟的哼唱，吹散在片中。与其说，这群快被生活边缘化的Loser，因垂涎被填错数额的奖金而相聚，倒不如说，正是这场选秀，给了它们“觉察和觉醒”自我的契机。

那星点的热爱，竟绽成心间的焰。

-2- 一碗带勺的走地鸡汤

“你知道一败涂地有什么好处吗？”

“那就是，你仅剩一事可做——绝地反击。”

全片灵魂句，莫过于此。当巨额奖金谎言被戳破，考拉月伯乐跌入最低谷——剧院被收购，无家可归，无梦可寻。他窝在壕三代羊驼的家中一角，像被抽了气的呆偶。

“我爸爸洗 30 年车，才攒钱为我买下这座大剧院！”只可惜，这考拉父子的造梦地，早已砖瓦凋敝，垂垂老矣。

画面中，月伯乐穿上祖传红裤衩，拎起老爸生前的水桶。挥舞四肢，跳上玻璃。全场都笑了，笑它动作蠢萌，一把屄样。我倒想哭。

都是小人物，说什么大话呢。有时候，所谓的生活无趣，所谓的热爱无能，说白了，是缺乏“珍视”一件事情的能力。所依赖的，不过是“消费”此事而已。

你说你倾心文字，但你除了熬夜刷小说看八卦，又何曾有过写字寄心的耐意？你说你痴迷健身，但你除了念叨减肥万万岁，又在什么时候管住嘴也迈开腿？你说你很想考研，但抛开父母的期许功利的前景，你还剩多少自身原动力？

更何况啊，积极寻找所爱之物，远比消极忍受现状，要困难得多。剧情至此，似在发问：“若赤子般的初心褪去，你与你所爱的，又剩多情分？”

有人评论：“这片子是小孩子才看的低幼化动画，是一言不合就开跳的反智狗血剧。”然而你我口中的“馊鸡汤”，莫不是那些戴着高帽的写手、伪专家，用以蛊惑思维匮乏人群的承载器？

他们动不动就鼓吹“逆袭”和“努力”，却生生忽略了Y原动力的本质——发自心的选择和热爱。

私以为，每个人的期待视野、思维方式、经历体验皆不同。并非看到逆袭就励志，看到励志就鸡汤，看到鸡汤就要嗤之以鼻。

比鸡汤更荼毒身心的，是虚假而膨胀的自我认同。三分钟的热度，算不得热爱。

善始者实繁，克终者盖寡。管他黑帮小伙、豪猪小妞还是考拉老板，他们兜转一圈，大梦一场。仅是想明了一个事实：做自己喜欢的事，所带来的满足感会远胜世俗意义上“有价值的事”。

也许比赛结束后，猪妈妈还会昏天黑地养 25 个小猪仔，小象米娜依旧社交障碍不爱说话，老鼠迈克因还不完信用卡的贷款而躲躲藏藏。

但那一两个私己的热爱，即便不够精擅，即便不常拾起，也足以化解情绪的跌宕，平抚偶或的不顺。《Sing》这碗走地鸡汤，也算给观影人一把汤匙。

昼短苦夜长呵！且凭自由心，做快乐事。如王小波所说：“似水流年才是一个人的一切，其余的全是片刻的欢愉和不幸。”

所幸心头有热爱。让那欢愉，多一些，久一些。

我拥有的都是侥幸啊，失去的都是人生

深夜，倒数第二场，和朋友看《七月与安生》。

本以为此片矫情酸涩必能昏睡，没想到才开场 10 分钟，我就拆了包纸巾，开始流眼泪。电影不错，胜在有血有肉，俩女主也都演技在线。

我像旁观者在看自己的故事：年少时的亲密和疏离，记忆中的流浪和折返，恰似影片中梦呓般闪回、交错的故事碎片……

那些碎片，也在粼粼映着昨日或是今天，我那张重合的脸。

-1- 你照亮的身影，像我的轮廓

女主安生，无家可归，厮混地痞，是个渴望去往不穿内衣国度的小可怜。七月呢，爹疼母爱，规矩懂事，是个没出过远门住在象牙塔里的公主。

剧情难以免俗，简言之就是俩发小长大后同时爱上一个男人的故事。然而，一个电影的内核如果聚焦于疏离与背叛，那它所讲述的充其量只是段“爱人姐妹，仇人知己”的蹩脚三角恋。

偏偏导演没那么狗血，愣是反转预设角色，友情赠送七月安生两人一次“活法交换，人生对调”。曾经相互羡嫉的姐妹花，竟各自活成了渴慕已久的样子。

她们不断挣扎、焦虑、见面又分离，就像活在了各自的内心戏里。

片末，我哭得最稀烂，尤其是看到，刚产下女儿的七月大出血离世。护士台前，安生手捧死亡通知书，笑着嘟囔：“谁是你家属，凭什么我给你签名？”说着说着她号啕起来，脸皱巴巴的，就像冬日街角的烂橘子。

再后来，安生带走了已故知己的女儿，独自抚养。真正成熟的她，在之后的时光里，成了妥帖的七月。

“你安分守己，我千山走遍。忽然有一天，你活成了我，我活成了你。自你死后，我用你的名字写小说，我的小说里，全是浪迹天涯的你。”

多像曾经的我们啊。年少时谁不向往着成为安生。渴望有一身放浪不羁、不按规矩办事的外衣，却裹藏着一颗怯懦又敏感的心。而七月那么幸福，有爸妈、有人缘、有闪着光的坦途。

这样想着想着，两个人走的路，便越岔越远。直到长大后的某一天，我们成了彼此最想要的样子。你我都很开心，想看看各自的当下，分享或是炫耀如今的自己。

可是啊，我们早就不联系了，就如这部片子的英文译名《Soulmate》。斯人若彩虹，遇上方知有。我们能同时看到彩虹，就足够幸运了。

七月和安生，就是年少时的我们。最初，两人从手挽手走过多年的小道分开，是环境所迫。而后来，从爱恨不得再到挥手成路人，却是自己选的。

“我们拿手电筒，把光照在彼此身上。对方身上的光影，却不过是自己的轮廓。”在一起时，我们彼此注视，莫名自卑。不在一起了，那就各自承重，默默惦念。

-2- 所有的流浪，是为了返家

片子里泪点挺多，有些爱，不是求而不得，而是甘愿放手。

记得家明逃婚后，七月的妈妈搂紧七月，边笑边哭：“过得折腾点啊，也未必不幸福。其实女孩子无论走哪条路，都是会辛苦的。但我希望我的女儿是个例外。”

这句话真是闻之泪目。我想起了自己的高一。当时太任性，不想在应试体制的框束里左右别扭，便强忍着难言的怯懦、周遭的不解，硬是选择离开课堂，以家为校。

妈妈起初是劝的，当发现我出了差错的情绪消极如黑洞，理解和退让成为她唯一的选择。那时的妈妈，似乎一夜间白了头。她的黑发，就像我脸上的笑容，失了踪。

然而，年少的叛逃总是徒劳。以张狂为始，再以惨淡终之。如愿在家后，我的野心再也不叫嚣了，它开始一点点向骨子里的懒散服软。

我开始迫切地想要离家远行，想踩一段高跟鞋走不到的路，碰上一群写字楼里遇不见的人。第一次读到“昼短苦夜长，何不秉烛游”，我开心到哈哈大笑，就是这么回事嘛，好姑娘就该走四方。

慢慢地，我不屑于像闺密一样正儿八经完成学业，又不愿安于现状，找个有可能的方向去闯荡。我变得越来越不切实际，明明是为自己的放任和懒惰找托词，却偏要抬起傲慢的下巴，吼身边人：“你懂什么，我是去寻找属于自己的人生。”

那段晦暗无光的日子里，我浪不起来，更像流亡。

别人奋笔疾书，我在倒腾乘车，从起点站晃悠到终点站，腿酸头麻，再换辆公交；别人紧张充实，我却无枝可栖，凌晨湖畔的长椅早被流浪汉占满，凛冽的寒意，就这么从头浸透了我的脚尖；别人花季正好，我像败谢的枯枝，那些青春期撞上更年期的无谓争吵里，枯枝长成了头上的犄角，抽打了自己，也扎伤了妈妈……

当时我并不知道，一个人流浪越远之时，也是离家越近之际。那些难以排遣的青春阵痛，明日的惶惑，无援的孤独，都会在独行途中慢慢蝉蜕。

走着走着，我慢慢觉得自己真不容易，觉得有点心疼妈妈，觉得一些过不去的琐碎似乎都可悦纳了。再走着，觉得肩膀有点冷，额头有点烫，而我的围巾还放在家中衣柜。再不回去披上，我就要感冒了。

就像吉卜赛人。都说他们以奔放、自由、洒脱为名，一提就会联想起风情万种的蒙面女郎和流散于世界各地的驯兽师、神算子。

有人说吉卜赛人逍遥似神仙，有人说他们潦倒无闲钱。然而，这个流浪的民族实际上无比在意“家”的概念。他们从不喜欢分散住处，相比之下，他们更乐于紧密共同地生活，哪怕是在敞篷马车般狭小空间里。

这很像我们每个人都有的挣脱现实的“逃亡冲动”。生命最原始的欲望里，有流浪的本能，同样也难以割舍对家的责任、对爱的依恋。

没错啊，前 20 岁我说过要漫游世界，但结束了我同样会爱上人间烟火。

像电影里说的，女孩子选择什么样的路都很艰难。但那些独自熬过的经历和体验，都会兑换成我冒险之后更高层次的稳定。

“昼短苦夜长，何不秉烛游。”我也是现在才懂，长路何漫漫，那零星的火光，会一直映着前行的路。古人所秉的那盏烛，分明是点在心里的。

他是大清朝的第一才子，也是文艺界的最美情郎

1 月 19 日，摩羯座的尾巴，水瓶座的开端。在所有此日降生的生命里，纳兰容若可称幸运。

若是放在当前，他大概是国务院某部长家的少爷公子，钟鸣鼎食，乌衣门第，算是“官二代”中的战斗机。

聪颖如他，自幼读书过目不忘，17 岁时入太学，18 岁中举人，后又考中二甲第七名进士。

24 岁，自费出书《侧帽集》，不仅是个富得流油的土豪，还是个才华冠李煜的书豪。

偏偏呢，摩羯座的主行星——土星代表着责任、磨难、现

实与限制。最忧郁星座与最诗意星座的相撞，埋下了纳兰一生矛盾的伏笔。

-1-

1669年，康熙正式接任大清帝国CEO。数年过去，却只象征性授予容若一个虚职，乾清门带刀侍卫。说白了，就是给皇帝看门儿。

表面上，纳兰容若懂事、能干、识大体，老板面前，他既专精于技术，又能周旋于人际；内心里，他自嘲不是人间富贵花，打心底排斥蔑视这一切。

据严绳孙《成容若遗稿序》记载，这个职位容若一干就是9年，虽然薪资低、待遇差，但他鞍前马后，兢兢业业，数次蝉联年度优秀员工奖。

好不容易，逮来了机会，上头命他带兵出塞。纳兰心想，自己跟着老大南巡北狩，这次可要升官了！谁承想，康熙全程把他当炮灰，去哪儿都只能当个“侦察兵”。

彼时纳兰才恍然，真正的鸟儿，没法在笼子里颐养天年。自己不过Boss圈养的文人罢了，谈什么建功立业？

一入宦门深似海。

不同于父亲的长袖善舞，容若所渴求的，是野鸟春花、露滴草尖般的自由。但他太懂事，不敢像陶渊明那样甩手走人，只怕一不小心惹毛了 Boss。

要是古代有大数据统计，你会发现，这伴君如伴虎的十年间，纳兰词皆是愁、恨、泪、断肠。单是一个“愁”字用了 80 多次，“泪”字用了 65 次，“恨”字用了 39 次。

如此一来，容若注定是极端混合而成的矛盾体。摩羯的敏感和水瓶的多思，让他身在豪门，却心向江湖；性本空灵，却忧思深重。

就像一潭不见底的深水，你以为清清浅浅，其实它是无底深渊。

-2-

在妻妾成群的封建社会，纳兰是绝少的好男人。

他曾有过三次恋爱，但三次都吹了。初恋入宫为妃，与他无缘；妻子患了寒疾，不治而亡；续弦娘子没过几年，也去世了。

颇值得一提的是容若的发妻——卢氏。这位“生而婉娈，性本端庄”的美佳人，早在 18 岁便嫁入明珠府。

身为妻子的小迷弟，结婚几年来，纳兰写尽卢氏之美。她睡了，他趴枕边瞅；她沐浴，他写诗描摹；她远行，他就想得慌。

就连跟着康熙帝出巡时，纳兰也满脑子想老婆。她在做什么，扑蝶还是绣花？孩子有没有很乖，会在肚子里闹吗？

“鸳瓦已新霜，欲寄寒衣转自伤。见说征夫容易瘦，端相。梦里回时仔细量。支枕怯空房，且拭清砧就月光。已是深秋兼独夜，凄凉。月到西南更断肠。”

这首《南乡子・捣衣》，更是虐煞单身狗。纳兰忆起卢氏低语偷笑、亲手缝制衣衫的样子，又担心她在家无趣，清瘦了月光。

真是撒的一把好狗粮。

要知，十二星座里，男主角何其多。花心的多，风情的多，中央空调也多。唯独摩羯座，爱一个人的样子旁人比不了。

这样的男人爱你，你便是他的心、他的肝儿、他的甜蜜饯儿，世人再也无法入他的眼。

只可惜，天妒良缘，命运总是不缺遗憾。康熙十六年（1677年）五月，卢氏诞下一名男婴，此后沉疴不起，草草离世。

容若心碎了。斯人已逝，他始终无法面对现实，哪怕之后续娶官氏，并有侧室颜氏。他仍痴痴念着，当年和亡妻的梦一场。

在家族修建墓园时，他干脆选择搬去禅院，与爱妻灵柩日夜共度，只为旧人入土为安。

世人常说，恩爱难白头，情深却不寿。对摩羯男来说，情感是人间最美的炼狱。他们注重内心感受甚于世俗看法，把爱情看得高于功名或信仰。

如果以上的痛楚，加诸在普通人的身上，兴许还有一线生机。要命的是，命运砸中的是纳兰——这个锐感多情的至诚种。

妻子走后，他患的是心病。心缺一块难再补。

-3-

平素里，纳兰人缘不错。他的朋友圈大有“平原君食客三千”之势，点赞多，热度高。

康熙十二年（1673年），他开始着手《通志堂经解》的校订，论头衔，算是总主编的角色。谁料到，当时社会掀起一波舆论，说此书由他的老师徐乾学出力，他的一众酒友们帮衬，他顶多出钱了而已。

这件事儿，纳兰容若嘴上不说，心里却恹恹。傲娇如他，只跟合得来的人相处，合不来绝不会强求。

像什么顾贞观、严绳孙、朱彝尊、陈维崧、姜宸英，大多是出身寒门的江南布衣。若说最有意思的，当属顾贞观。

此人和纳兰一见如故，堪称忘年之交。到后来，只要顾贞观一进门，纳兰定与他携手上楼，命人搬开梯子，两人聊个通宵达旦。

某一年，顾贞观的同乡因为科场案受到诬陷，被判充军宁古塔。

纳兰为营救好友，连日奔走于权贵之门，甚至下跪请来明珠帮忙。几人在朝中斡旋，耗费五六年，费赎金数千，终于把友人救了回来。

不难看出，摩羯男的交友观很简单，很纯粹。他不肯弄虚作假，不愿委屈心意，答应之事，拼了命也会做到。

反观容若这一生，思梁汾之思，忧梁汾之忧——竟有三分之一的时间，是在为朋友的朋友而奔走。

这些人于他，是幸运，也是不幸。他们就像一面镜子，折射出他生命中的一半温煦，一半凄寒。

-4-

张恨水的《春明外史》中，曾提到一位才子，死于 30 岁的壮年。其友恸道："看他平日写的词，我就料他跟那纳兰容若一样，不能永年的。"

仔细想来，纳兰容若之"愁"，似乎没法避免。摩羯座没有中间态。终其一生忍受内心各种极端的冲突，无法清楚、绝对地表达自己是他们的宿命。

像纳兰这样的男人，对朋友，对爱情，对事业，都是孤注一掷地投入，又怎能逃脱情深不寿的命数?

千百年来，太多人从他身上，照见自己的影子。

仕途与江湖、相爱与别离、同心与决裂、得意与失意……

你我同他一样，身在围城，有着太多的求而不得，太多的左右为难。

只是，绝少有人像他那般——没有才子的傲慢，没有权贵的骄横，一辈子都是性情人，天真心。

1685 年暮春，卢氏离开的第 11 载，容若已七日不汗。他抱病出门，与好友同聚，一醉一咏三叹，而后一病不起。

就这么，纳兰容若走了。他只活了 30 个年头，虚龄三十有一。从此，西风多少恨，吹不散弯眉。

汪曾祺：四方食事，不过一碗人间烟火

-1- 少年：含一根草，看天上的云

苏北有片水乡，叫高邮。

这座蒲柳深处的小镇，素以秦观、咸鸭蛋、吴三桂闻名。1920 年，元宵，春寒峭。当地颇有声望的汪氏“儒商”家族，诞下一名男婴，唤作曾祺。

虽生于动荡年代，汪曾祺的童年却惬意得很。祖父亲自教他习字，每临寒暑，儒生为他讲解古文。

他的父亲，更是个极有意思的人——善绘画、刻图章、弹琵琶、拉胡琴，做菜、打拳、单杠体操、祖传治病，皆精通。

汪曾祺的才子气，是随他爹的。

“初中时我爱唱戏，唱青衣，我的嗓子很好，高亮甜润。在家里，他（父亲）拉胡琴，我唱。”

“他爱孩子，喜欢孩子，爱跟孩子玩，带着孩子玩。我的姑妈称他‘孩子头’。”

“我17岁初恋，暑假里，在家写情书，他在一旁瞎出主意。”

多年父子成兄弟。平素里，两人斗蟋蟀，养金铃子，用染了色的绢糊风筝，拿拉秧的小瓜雕花灯。

仲夏夜，他和父亲一人一根筷子，戳进胭脂色的大鸭蛋。蛋黄红得流油，蛋白小口抿完。吃饱了，就捉几只流萤放在壳里……

对汪曾祺来说，人生的锅底，童年时就搁好了。

无论掷入多少食材，抛进多少作料，掩不了原味。他的底子，终究是清澈的、明快的、舒卷自如的。

-2- 青年：初如食橄榄，真味久愈在

1939 年秋，昆明，雨潺潺。

一个身形单薄的少年，背挎粗布蓝袋，踏入西南联大，在登记簿上写下：汪曾祺，高邮人，国文系。

谁知道，这位沈从文先生的得意门生，却是个非典型性学渣。

“他在联大生活自由散漫，甚至吊儿郎当，高兴时就上课，不高兴就睡觉，晚上泡茶馆或上图书馆，把黑夜当白天。”

据说，大二那年，汪曾祺有过一次失恋，两天两夜不曾起床。好友朱德熙吓煞，挟一本厚厚的字典，匆匆赶到 46 号宿舍。

“起来，吃早饭去！”见小汪瘫睡如泥，朱德熙在门口大喊。于是乎，两人晃悠出去，卖了字典，各吃了碗一角三分钱的米线——全好了。

彼时师生度日清苦，然汪曾祺的吃货本色，已初露锋芒。

正义路的汽锅鸡、东月楼的乌鱼锅贴、马家牛肉店的撩青、吉庆祥的火腿月饼……

逛集市，他赖在摊边吃白斩鸡，起个名目，叫坐失良机（坐食凉鸡）；下馆子，他和老板唠嗑，听各乡趣闻，偷学后厨做菜。

要是没课，他就溜到某不知名的小酒馆，要上一碟猪头肉，咂一口绿釉酒，赏馆外碧叶藕花，听檐上昆明的雨。

正是那段日子，他倚着临窗小桌，对各式的人、各样的生活，产生了兴趣。故信笔写之，捧出最初的几篇小说。

再后来，汪曾祺去昆明郊外教书，遇到了施松卿。

那年的施姑娘，唇绽樱颗，榴齿含香，还是少女模样。因平日常含愁倦，素有联大林黛玉之称。她听过汪曾祺的名头，奈何无缘谋面。

谁承想，两人毕业后去了同间学校。病美人和懒才子，成了一对儿。没多久，汪曾祺与施松卿吃了顿面，算结婚了。

-3- 中年：我与我周旋久，宁做我

1958 年，北京，日已暮。

汪曾祺被划成右派，送至张家口劳改。临行前夕，爱妻

没能赶来。他呆坐家中良久，抬笔写下："松卿，等我！五年，等我改造好了回来。"

毕竟是个体育从没及格的文弱书生。锄地、扛麻袋、起猪圈、炮冻粪……于他，是难的，是苦的。"文革"时，他被扔到了马铃薯研究站，远在沽源。

文学大师画土豆，像个什么样子？他倒好，埋头画花和薯块，画完了，就丢在牛粪火里烤熟吃掉。还一度自嘲："我敢说，像我一样吃过这么多品种马铃薯的，全国盖无第二人！"

《随遇而安》中，他更是写道："我当了一回右派，真是三生有幸。要不然我这一生就更加平淡了。"

豁达如他，并非沈从文般星斗流水的天然散仙。相较之下，汪曾祺更狡黠、更快意、也更通透。也唯有如此，他能相对顺遂过日子、谋生路，渡那十年浩劫。

几年后，他在江青手下做事，整理文件、编写《沙家浜》，换得十年安心写作。

宗璞曾撰文，骂他没骨气，不愿意上前线啥的。然汪老爷子有自己的处世观，要是如钢似铁，硬得一掰就折，如何写出那种如鱼又如石的文字？

想维护尊严，死是最简单的手段。如何热烈饱满地保持自我，才是更艰深的。

汪先生的选择，一如《葡萄月令》里说的："葡萄，每个月都改变自己的模样适应气候。因为无论如今气候如何，来年它都得欢欢喜喜地发芽。"

大乱十年城一梦，与君安坐吃擂茶。人和人哪，取舍不同，静躁异趣。混沌时日里，有人歇斯底里，有人甩手一扔，有人抱怨不休。而还有人呢，好的生活品其甜，坏的生活味其苦。

这位汪老先生，并没那么淡然——字是花，他为泥，他囿于字格却不想拘泥人格。他要讨好，要适应，只是生活罢了。

-4- 晚年：只可自怡悦，不堪持赠君

"一个人的口味嘛，要宽一点、杂一点，南甜北咸东辣西酸，都去尝尝。"

老饕汪曾祺，绝不在吃喝上怠慢自己。有一年，他患了

急症——胆囊炎发作。确诊后，女儿汪明问大夫：“今后烟酒可有限制？”大夫摇头：“这个病与烟酒无关。”

话音刚落，老爷子就嘻嘻嘻嘻，捂嘴窃笑起来。

友人前来探病。他一脸假正经：“若戒了烟起码能多活十年，但是为了多活这十年，而舍弃了抽烟的乐趣，我是不肯的！”

谈起父亲，女儿汪朝笑说：“他在我们家是非常没有地位，我们这些子女都欺负他，妈妈也完全不拿他当回事，但他乐在其中。”

被挤对多了，汪老也学聪明了。

平日里，他酒一喝多，就吹大发：“喂喂，你们对我客气点，我将来是要进文学史的。”汪家人白他一眼，作不屑状：“老头，你别臭美了！”

虽是玩笑语，却道出了大实话——汪老爷子的作品，“上不了头条”。

作家苏北，提过汪曾祺和林斤澜的二三逸事。那日晚上，程鹰陪汪、林在新安江边的大排档吃龙虾。酒过三巡，林忽然说："小程，听说你一个小说要在《花城》发？"

程鹰点点头。林笑说："这杂志不错。你认真点，再写一篇，我给你在《北京文学》发头条。"

此时汪曾祺不乐呵呵了，他丢下酒杯，瞪着老友："你俗不俗？难道非要发头条？像我，小说就发不了头条，有时还是末条呢！"

细想来，老先生还真是可爱。

他贪吃、贪喝、贪看、贪玩儿、贪恋人世间的酸甜苦咸，但他绝无架子，也不摆派头。偶尔现出的小傲娇、小嘚瑟，带着点"我有你没有"的孩子气。

他咧嘴，他畅笑，或只因别家闺女随口一句："黄豆是不好吃的东西，汪伯伯却能做得很好吃。汪伯伯是很厉害的人。"

贾平凹说他："汪是一文狐，修炼成老精。"

梁文道说他："像一碗白粥，熬得更好。"

而我以为，男人有才，难免清高；有趣过头，又显轻浮。才趣兼备的呢，当真是极少数，汪曾祺必算一个。

老先生啊，根子是儒家的，一片温情，一片自在，追求风乎舞雩的境界；视角却是庄子的，故能尘世里寻乐子，带着超然的眼光去观照，去体验。

1997 年 5 月 16 日，汪曾祺离世。

作别前，他想喝口茶水，便和医生“撒娇”：“皇恩浩荡，赏我一口喝吧。”

医生点头应允，他便唤来小女儿：“给我来一杯，碧绿、透亮的龙井！”只可惜，龙井尚未端来，斯人已逝。

那一日，似乎落雪了。先生走前，哈了口忽散的白气。

这部片，花光我攒了三年的少女心

一部真人版《美女与野兽》，花光我攒了三年的少女心。

哪怕主配角一言不合就尬舞，哪怕男二颜值炸裂戏份秒杀男主，哪怕玛丽苏元素的真爱母题太烂俗，我还是喜欢啊。

像是一朝回到学龄前。兔子洞藏在后花园的某个角落，水晶鞋被偷放在午夜的南瓜车。

被施咒的玫瑰花，困在某间阁楼的玻璃罩里——它一片片凋零着。像贝儿爱上 Beast 的倒计时。

-1- 每个男孩，都曾像一头野兽

暂不说剧情好坏。片中有几个点，还是蛮戳心的。

第一个，是贝儿的孤独。她是小镇上最另类的姑娘，独来独往，爱看书，能识字。正因如此，她被愚昧的村里人排挤，时不时就被戏弄几下。

回到家，贝儿问父亲："我很奇怪吗？"

父亲笑说："他们一开始觉得奇怪的人，后来会变成他们模仿的对象。"

贝儿之于小镇，一如玛莲娜之于西西里岛。怪她过分美丽，点燃了忌妒与欲望的烈火。世俗眼光里，期待与侮辱、崇拜与诋毁，总是相爱相杀。

第二个，是野兽的动心。电影开篇，他可是个小王子啊。深受原生家庭毒害，他变得冷漠、自私又傲娇。

在某个雨夜，王子不幸惹毛女巫，被诅咒成长毛野兽。一帮忠仆也惨遭连累，被整成一堆锅碗瓢盆、古董家具。

然而，爱上贝儿后，野兽变了。“一想到你，我这张丑脸上就泛起微笑。”他开始自卑，开始无奈。吃饭时，他拿眼角偷瞟，找她的目光。若被发现了，脸一烫，耳一热，赶紧埋头喝汤。

散个步，他眺望雪凇冰湖，却总是词穷。好想给贝儿念首诗啊，可张嘴半天，嫌弃自己嘴拙，怎么也开不了口。

“有人认为爱是性，是婚姻，是清晨六点的吻，是一堆孩子，也许真是这样的，莱斯特小姐。但你知道我怎么想吗，我觉得爱是想触碰又收回手。”

如果野兽也读《破碎故事之心》，他和塞林格，大概是一对难兄难弟。

形成鲜明对比的，是野兽的头号情敌——加斯特。这个男二，鲁莽、粗俗、狂妄，是个精神贫瘠又自大无理的反派。他对贝儿穷追不舍，理由没别的，就因贝儿是“村里最美的姑娘”。

当贝儿被村人挖苦，被长舌妇教训，男二救归救，却动机不纯。“我有恩于你，你得报答我。”事实上，带着不良心思的雪中送炭，与落井下石无异。真爱一个人，岂会视她为玩物？

从初次进餐被拒的恼羞成怒，到雪湖漫步时的心跳慢拍，再至奔向贝儿纵身一跃的急切……痴心的野兽，更像个青春期的男孩。

会孤独，会发狠，爪牙尖利，无意伤人。而一旦他被爱情驯化，便慢慢地学会了热情和许诺，懂得了尊重和责任。日渐长成男人。

-2- 正反派，是同一本体的善恶两面

有人评论，贝儿患了斯德哥尔摩综合症。

野兽王子囚禁她于宫殿，她却死心塌地爱上“仇人”，是典型的找虐心态，得看心理医生。

这种话脑洞虽大，我却难苟同。私以为，要从童话中刨根究底，巧设三观，那么这种人自身的三观没准就不健全。管它仙女巫婆、王子毒后，难道不是同一本体的善恶两面？

若真如某些见解，要以完美逻辑架构剧情，那童话千千万，都是可挑刺的：

灰姑娘遭继母虐待，到底是道德的沦丧还是法律的丧失？白雪公主和七个小男人同居，是自甘堕落还是有毒的交友观？

人鱼为爱幻化成泡沫，是变相的报复还是跨物种没好果子？

恐怕，成人对童话的最大误读，恰恰在于过分纠结，那些故事“能否真实发生”。有时候，美梦也好，幻象也罢——更像一个人的理想国。而非刀砍斧凿后的伊甸园。

观影之时，我们总能先主角一步，猜到村里人对贝儿冷嘲热讽，联想加斯特对情敌大施毒手。抛开看片的套数、剧情的预示，又何尝不是这些反派，折射出你我隐匿于心的忌妒、痴妄、暴戾和阴暗？

优秀的片子，终归是观察生活、洞察人性。避不开自我和本我的牵绕纠缠。

或许，如人所言：童话这玩意儿，一面构筑着相恋的幻境，一面又袒露着它的荒诞。可这般脆弱性，不正是对成人世界的莫大讽刺吗？

梦幻泡沫，一戳就破。这才是现实爱情的真实面目、贫乏模样。最后，想借周星驰《美人鱼》里的台词一句：“童话故事，别想太多。”

致郁或治愈，不在故事走向，只在人心所见。